城市公共交通系列丛书

济南公交企业文化手册

Culture Guide of Jinan Public Traffic Company

济南市公共交通总公司 编

ENCOURAGEMENT BRAND

勉励·品牌

2008年3月9日，胡锦涛总书记在接见十一届全国人大一次会议山东代表团时，对来自济南市公共交通总公司的代表吴倩说：“济南公交是一个品牌，你们要珍惜荣誉啊！”

编写委员会

总　策　划：薛兴海
编委会主任：薛兴海
编委会副主任：刘　波
编委会成员：张　栩　李双喜　石　军　李万平　石绍滕
姜　良　金建勇

主　　编：赵东云
责任编辑：刘洪玉　葛红杉　韩　龙
编　　辑：张春燕　桑　冉　岳瑞鹏
编　　制：济南市公共交通总公司企业文化部

序言 FOREWORD

国民之魂，文以化之；国家之神，文以炼之；企业之力，文以铸之。文化是一种社会现象，是人们长期创造形成的产物。当今时代，文化日益显现出其重要性。对于一个企业，文化起着目标、规范和行动整合的作用，是推动企业发展的重要动力；对于企业职工，文化具有塑造人格、实现其社会化的功能。同样，对于济南公交，文化在推动公交事业发展上也大有可为。

企业文化是公交企业的灵魂，是实现公交事业又好又快发展的重要精神支柱。因此，进一步加强企业文化建设，是增强企业文化软实力，为企业发展提供强大精神动力和文化条件的重要途径。济南公交是社会公益性企业，服务是其本质属性。基于这一认识，我们在工作实践中提炼出了“让乘客满意、让政府放心、让员工快乐、为社会奉献”的企业核心价值观，全心全意当好老百姓的“专职司机”，努力建设人民群众满意公交。从文化的角度看，这正是我们基于公交行业的本质属性和神圣使命所作出的价值选择，也是贯彻落实党的十七届六中全会关于加强文化建设的具体体现。

企业文化对内是一种凝聚力，对外是一种辐射力。济南公交通过企业精神的提炼和总结，建立了以“让乘客满意、让政府放心、让员工快乐、为社会奉献”为核心的企业文化体系，有力地将员工的思想行为统一到济南公交发展的愿景目标和企业核心价值观上来，激发了广大员工工作的积极性和创造性，提高了企业的整体服务能力和服务水平，增强了企业的核心竞争力。自 1948 年 10 月底济南市公共交通事业诞生以来，济南公交人始终以饱满的工作热情和主人翁的责任感推动着济南公交事业的发展，用智慧和勤劳创造着企业的辉煌，为济南市的经济社会发展做出了积极贡献。60 多年的风雨兼程，60 多年的春华秋实，济南公交本着为民服务的宗旨，锻炼了一支“特别能吃苦、特别能战斗、特别能奉献”的队伍，形成了“辛苦我一个、方便千万人”的奉献精神和艰苦奋斗、勇于奉献、爱岗敬业、求实创新的优良传统。这些朴素的文化，源于济南公交60多年发展的历史积淀。

济南公交党委高度重视企业文化建设工作。坚持把企业文化建设工作作为一项长期的系统工程来抓，建立“一把手”责任机制，专门设置企业文化部，负责制定企业文化建设长远规划和年度工作实施方案，并把企业文化建设工作纳入到年度绩效管理考核中，逐渐形成了一级抓一级、层层抓落实的企业文化建设格局。济南公共交通总公司每年召开一次宣传思想工作会议，加强企业文化建设，努力增强企业软实力。济南公交印发了《关于进一步加强济南公交企业文化建设意见》，对企业文化建设的指导思想、总体目标、基本原则、各项任务和保障措施提出了具体要求，强调新时期企业文化建设要坚持以邓小平理论和“三个代表”重要思想为指导，以科学发展观为统领，牢牢把握社会主义先进文化前进方向，紧紧围绕践行社会主义核心价值体系这条主线，以企业核心价值观为根本，以人本管理为核心，努力打造与齐鲁文化相承接、与现代公共交通发展目标相匹配、与干部职工精神文化需求相适应的文化体系。

企业文化建设是一项长期性、系统性、复杂性的工作，既要整体部署，又要稳步推进。近年来，济南公交在济南市委、市政府的坚强领导下，在市直有关部门和社会各界的关心、支持、帮助下，企业文化建设取得了一定的成绩，逐步形成了以企业“微笑服务”品牌为核心，“星级管理、星级服务”、“情绪管理”、“公交论语”、“定点发车、准点到站”精细化调度管理、济南公交恒通“雷锋车队”品牌为补充的济南公交文化品牌体系。企业文化载体日益丰富，文化体系日益完善，为企业发展提供了强大的精神动力和智力支持。《济南公交企业文化手册》囊括了济南公交企业文化建设的各个方面，可以说是济南公交的灵魂，是济南公交建章立制的基本思想依据，是济南公交企业行为的精神原则，是一代代济南公交人精神文化鼎新革故的历史积淀。每一位公交员工，都要把它融汇在脑海中，贯通在工作里，都应自觉感知、融入和推动这一文化精髓。《济南公交企业文化手册》是企业员工共同的心灵家园，我们要认知她，融入她，维护她，这是一种基于文化和道德层面产生的强大力量。

济南公交将抓住优先发展城市公共交通的大好发展机遇，以公交优先推动公交优秀，以建设“公交都市”示范城市为契机，构筑广大职工团结奋斗的共同思想基础，坚持以科学的管理推动发展、以先进的文化凝聚人心，营造企业凝神聚力促发展的浓厚氛围，大力加强宣传思想阵地建设，不断提升企业文化品质，推动和谐企业建设，积极回应人民群众新期待，努力建设人民群众满意公交，为省会经济社会又好又快发展做出新的更大的贡献。

济南市交通运输局副局长

济南市公共交通总公司党委书记、总经理

二〇一二年八月十七日

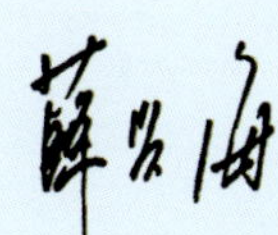

济南市公共交通总公司

前言 PREFACE

企业文化是一个企业在长期经营管理实践中所凝结和沉淀起来的一种文化氛围、企业精神、价值标准、理想信念和广大员工认同的道德规范与行为准则。它以一种无形的力量蕴藏在员工的思想和行为中，渗透在企业的一切活动中，是企业的灵魂。企业文化具有指导性与约束性，既作用于企业的整体行为，也作用于员工的个体行为；既影响企业、员工的行为方向，也影响企业、员工的行为方式。企业文化对现代企业实现全面、协调、可持续发展的作用日益凸显。实践证明，先进的企业文化已经成为成功企业的核心竞争力。

60多年来，济南公交在曲折中前进、在改革中发展。特别是近年来，公交事业进入了一个稳步发展的新时期，企业文化得到了较好的完善和总结，逐渐形成了独具特色的企业文化。济南公交通过导入企业文化，大力实施品牌带动战略，丰富济南公交品牌文化内涵，加强对“微笑服务”、“情绪管理”、“公交论语”、“定点发车、准时到站”精细化调度管理、济南公交恒通“雷锋车队”文化品牌的探索与实践，形成了以企业“微笑服务”品牌为核心、其他品牌为补充的济南公交文化品牌体系，全面提高了员工素质，充分调动了员工的积极性和创造力，有力提升了企业的品牌形象，为建成队伍精干、管理科学、服务规范、设施先进、充满活力的现代化企业奠定了坚实的文化基础。

目录 CONTENTS

企业简介、组织机构与主要荣誉

QIYE JIANJIE ZUZHI JIGOU YU ZHUYAO RONGYU

企业简介

QIYE JIANJIE

济南公交励精图治、追求卓越的领导班子

市交通运输局副局长、市公交总公司党委书记、总经理薛兴海（中）

党委副书记、工会主席刘波（右四）　副总经理张栩（左四）

副总经理李双喜（右三）　副总经理石军（左三）

纪委书记李万平（右二）　副总经理石绍滕（左二）

副总经理姜良（右一）　总经理助理金建勇（左一）

济南市公共交通总公司（以下简称济南公交）是市属国有大型一类公益性企业，至今已有60多年的历史。经过几代公交人的艰辛努力，济南公交步入稳步发展的历史时期。根据形势发展的需要，1992年9月30日，成立了济南市公共交通总公司。多年来，在党和政府的亲切关怀以及社会各界的大力支持下，济南公交事业取得较快发展。特别是2004年以来，随着公交优先政策的出台和企业内部改革的不断深化，济南公交事业有了飞速发展。公交线网不断拓展，公交服务领域不断扩大，公交服务水平和装备水平大幅度提升。截至目前，职工总人数为11200余人，营运车辆4087部，客运出租车辆601部，公交线路199条，线路长度3383.6公里，日均运送乘客240多万人次，较好地满足了城市现代化建设发展的需求，为济南市经济社会发展做出了积极贡献。

近年来，在济南市委、市政府和市交通运输局的坚强领导下，在市直有关部门和社会各界的关心、支持、帮助下，济南公交广大干部职工团结一致，努力拼搏，勇于创新，扎实工作，积极回应人民群众新期待，各项工作沿着科学发展的轨道不断前进。济南公交先后荣获“济南市见义勇为事业突出贡献奖”、“山东省劳动关系和谐企业”、“中国优秀企业形象十佳单位”、“中国城市公交科技创新优秀企业”、“全国十大见义勇为好司机评选单位奖”、“全国‘安康杯’竞赛活动优胜企业”、“全国城市公共交通文明企业”、“全国五一劳动奖状”、“全国文明单位”等多项荣誉称号和中国质量协会颁发的中国质量满意鼎。2008年3月9日，胡锦涛总书记在接见十一届全国人大一次会议山东代表团时，对来自济南公交的代表吴倩说：“济南公交是一个品牌，你们要珍惜荣誉啊!”

走过了60多年风风雨雨的济南公交将围绕科学发展、和谐发展、率先发展的要求，以人为本、求实创新，积极落实公交优先发展战略，全心全意当好百姓的“专职司机”，以建设“公交都市”示范城市为契机，努力构建省会现代化大公交体系，为推进济南市经济社会又好又快发展做出新的贡献。

企业组织机构

QIYE ZUZHI JIGOU

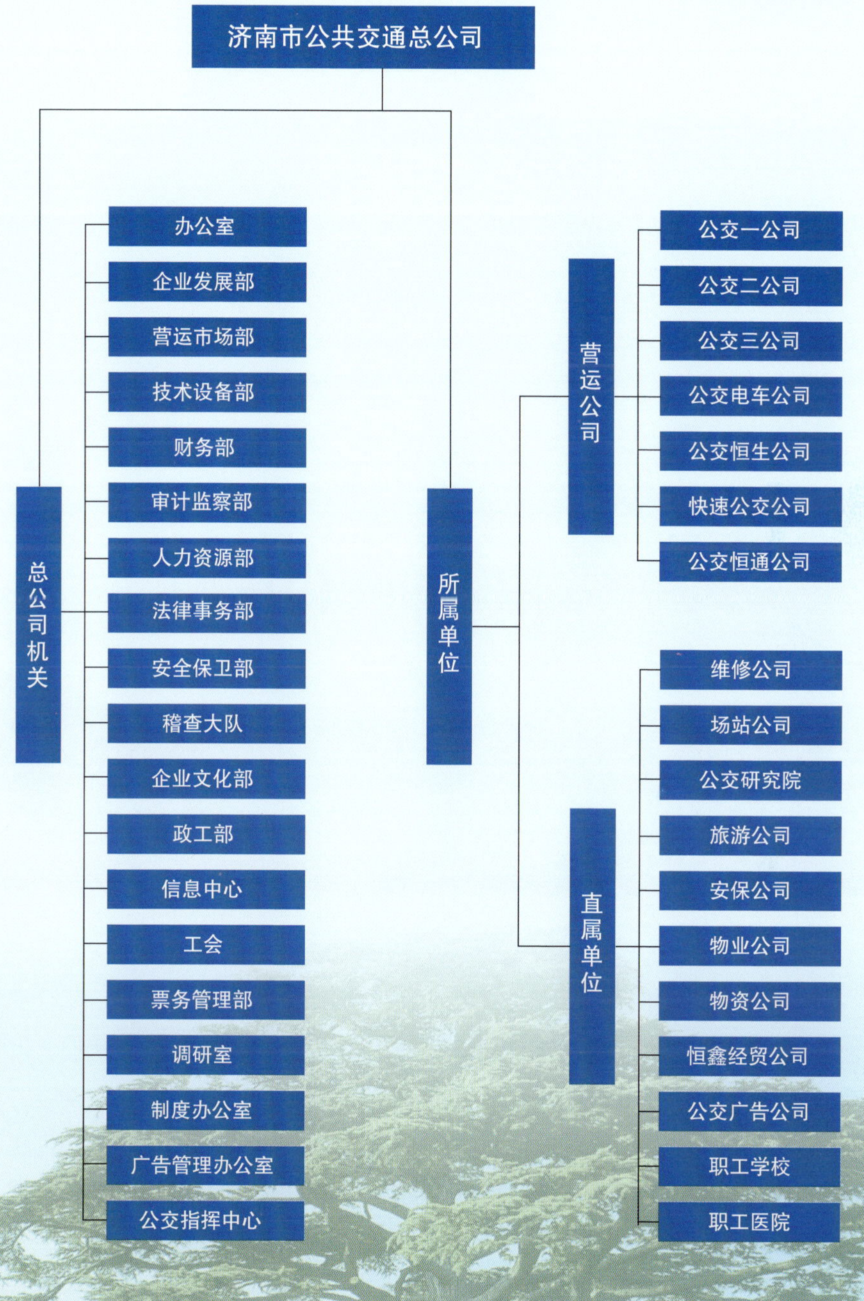
济南市公共交通总公司
总公司机关
办公室
企业发展部
营运市场部
技术设备部
财务部
审计监察部
人力资源部
法律事务部
安全保卫部
稽查大队
企业文化部
政工部
信息中心
工会
票务管理部
调研室
制度办公室
广告管理办公室
公交指挥中心
所属单位
营运公司
公交一公司
公交二公司
公交三公司
公交电车公司
公交恒生公司
快速公交公司
公交恒通公司
直属单位
维修公司
场站公司
公交研究院
旅游公司
安保公司
物业公司
物资公司
恒鑫经贸公司
公交广告公司
职工学校
职工医院

企业主要荣誉

QIYE ZHUYAO RONGYU

2011年12月20日，济南公交获“全国文明单位”荣誉称号。济南公交党委十分重视精神文明创建工作，把精神文明创建工作摆在重要位置来抓。近年来，在山东省委、省政府，济南市委、市政府和市交通运输局、市文明委的正确领导下，济南公交以科学发展观为统领，按照上级有关部门关于文明创建活动的要求，结合公交行业实际，将文明创建工作融于城市公交的运营、管理、服务等方面工作的各个环节，在服务保障能力、安全管理水平、行业文明建设、职工精神面貌等方面均取得了较好成绩。

2009年4月28日，济南公交首次荣获“全国五一劳动奖状”。济南公交获此殊荣，是山东省委、省政府、济南市委、市政府坚强领导的结果，是各级工会组织关心、支持、帮助的结果，也是一万多名员工辛勤工作、团结奋斗的结果。作为2009 年济南市唯一获此殊荣的先进集体，公司上下备受鼓舞。济南公交将珍惜荣誉，再接再厉，创造卓越， 搞好营运服务，保障市民出行，为济南市经济社会发展做出积极贡献。

2007年8月31日，中国质量协会授予济南公交“中国质量满意鼎”。“中国质量满意鼎”是中国质量协会在全国范围内，对在质量管理和用户满意工程中做出突出业绩的行业、企业授予的一项荣誉。济南市公共交通总公司是山东省唯一一家获此殊荣的企业。

企业主要荣誉

QIYE ZHUYAO RONGYU

1992 年被评为全国城市公共交通系统优质服务竞赛优秀组织单位

1993~1994 年被评为山东省城乡建设系统先进集体

1993~2003 年被评为省级文明单位

1995~1996 年被评为全省建设系统先进集体

1995 年35 路线被评为全国城市公共交通行业“青年文明号”

1997~1998 年被评为全市“行风万人评”活动十佳行业

1999 年被评为全国精神文明创建活动示范点

1999 年被评为山东省思想政治工作优秀企业

2002 年被评为济南市“蓝天工程先进集体”

2003 年被评为济南市“防非典先进基层党组织”

2005 年被评为山东省“百姓口碑最佳荣誉单位”

2006 年被评为全国城市公共交通文明企业

2006 年被评为山东省城建行业文明服务规范管理先进单位

2006 年被评为济南市文明行业

企业主要荣誉

QIYE ZHUYAO RONGYU

2006 年被评为济南市文明窗口
2007 年荣获山东省富民兴鲁劳动奖状
2007 年被评为山东省“安康杯”竞赛优秀组织单位
2007 年被评为爱国拥军模范单位
2007 年被评为安全生产先进单位
2007 年被评为济南市“安康杯”竞赛优胜单位
2007 年荣获第四届“昆仑润滑油”全国十大见义勇为好司机评选单位奖
2007 年被评为全国“安康杯”竞赛优胜企业
2008 年被评为全国“安康杯”竞赛优胜企业
2008 年荣获第五届“昆仑润滑油”全国十大见义勇为好司机评选单位奖
2008 年被评为中国城市公交科技创新优秀企业
2008 年35 路线被评为中华全国总工会“工人先锋号”
2008 年被评为全国交通建设系统工会工作先进集体
2008 年被评为全国城市公交行业分会先进理事单位
2008 年被评为中国优秀企业形象十佳单位
2008 年被评为山东省先进基层党组织
2008 年被评为山东省劳动关系和谐企业
2008 年被评为山东省管理创新优秀企业
2008 年被评为年度“百姓口碑最佳荣誉单位”
2008 年被评为改革开放30 年山东省(公共事业)十大杰出典型单位
2008 年被评为平安济南建设先进基层单位
2008 年荣获济南市对外宣传突出贡献奖
2008 年被评为国家三级安全质量标准化企业
2008 年被评为工作责任目标考核先进单位
2008 年被评为安全生产先进单位
2009 年被评为全国“安康杯”竞赛优胜企业
2009 年被评为山东省工会创建劳动关系和谐企业工作先进单位

2009年被评为中国城市公共交通节能减排优秀企业
2009年被评为中国城市公共交通科技进步企业
2009年被评为第五届中国企业教育先进单位百强
2009年被评为中华人民共和国第十一届运动会优质服务竞赛奖
2009年被评为第十一届全国运动会筹办工作先进集体
2009年被评为山东省依靠职工办企事业先进单位
2009年"公交企业提升服务水平的星级管理"被评为第十六届国家级企业管理现代化创新成果二等奖
2009年被评为第一届至第五届全国十大见义勇为好司机评选活动单位奖
2009年被评为第六届"昆仑润滑油奖"全国十大见义勇为好司机评选活动单位奖
2010年被评为中国绿色公交卓越贡献奖
2010年被评为山东省春运工作先进集体
2010年被评为第七届中国（济南）国际园林花卉博览会先进集体称号
2010年《加强思想政治工作研究，助推公交事业科学发展》被山东省职工思想政治工作委员会评为山东省职工思想政治工作研究会优秀成果三等奖
2010年被中国建设职工思想政治工作研究会城市公交行业分会评为思想政治工作创新案例组织奖
2010年《以情绪管理为导向，做好思想政治工作》被中国建设职工思想政治工作研究会城市公交行业分会评为思想政治工作创新案例一等奖
2010年"公交企业以人文关怀为基础的员工情绪管理"被评为第十七届国家级企业管理现代化创新成果二等奖
2011年被评为交通运输部"车、船、路、港"千家企业低碳交通运输专项行动先进企业
2011年被评为中国低碳公交优秀企业
2011年被评为中国城市公共交通（2009~2010）科技进步企业
2011年济南公交二公司党委被评为全国先进基层党组织
2011年被评为济南市企业思想政治工作暨企业文化建设"十佳企业"

企业主要荣誉

QIYE ZHUYAO RONGYU

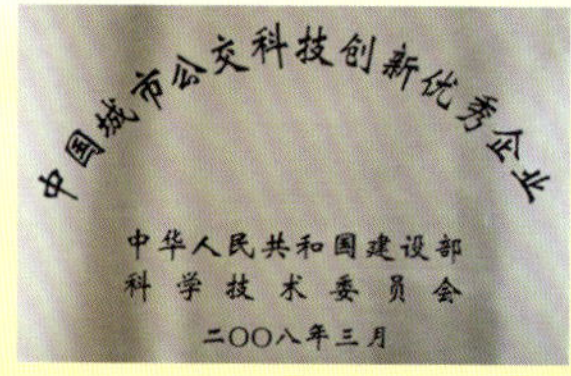

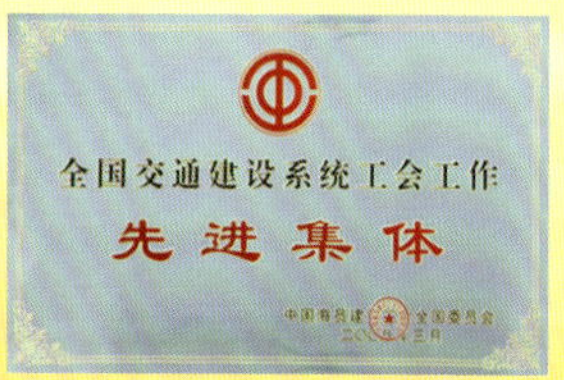

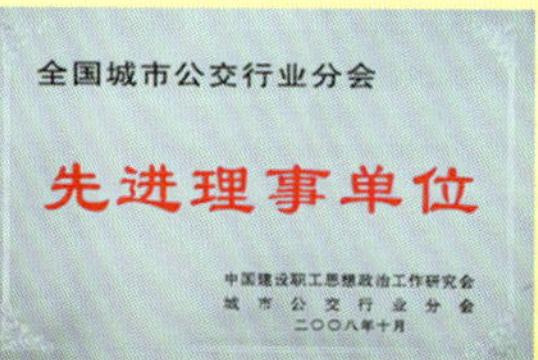

山东省
先进基层党组织
中共山东省委
2008年6月

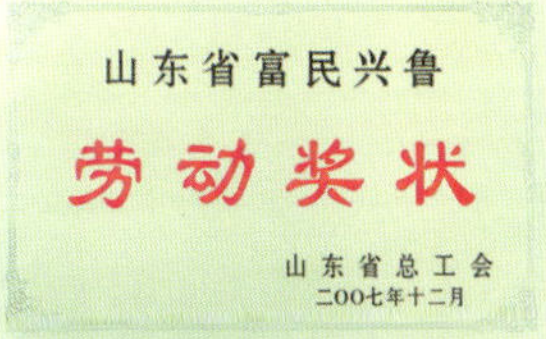
山东省富民兴鲁
劳动奖状
山东省总工会
二OO七年十二月

山东省劳动关系和谐企业
山东省总工会

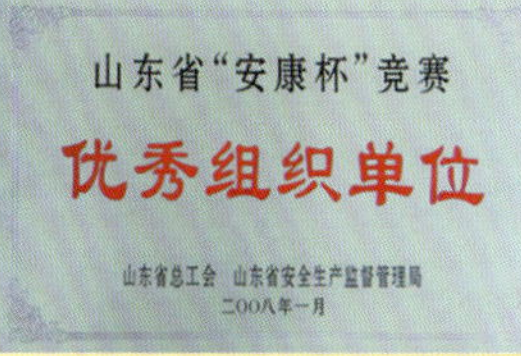
山东省“安康杯”竞赛
优秀组织单位
山东省总工会 山东省安全生产监督管理局
二OO八年一月

山东省管理创新
优秀企业
山东省经济贸易委员会
二OO八年十二月

济南市公共交通总公司荣获：
2008年度“百姓口碑最佳荣誉单位”
大众日报
2008年12月

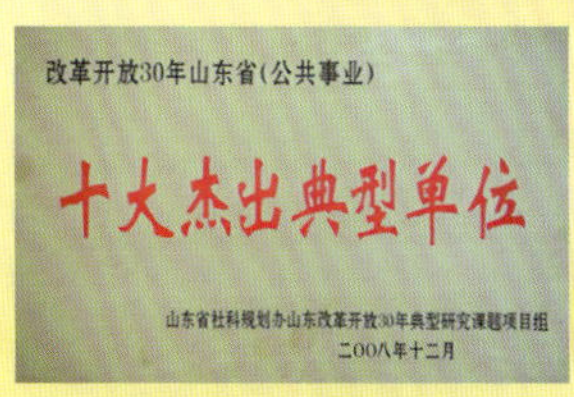
改革开放30年山东省(公共事业)
十大杰出典型单位
山东省社科规划办山东改革开放30年典型研究课题项目组
二OO八年十二月

爱国拥军模范单位
中共济南市委
济南市人民政府
济南警备区
二OO八年二月

二OO七年度安全生产
先进单位
济南市人民政府
二OO八年元月

2007年度“安康杯”竞赛
优胜单位
济南市总工会
济南市安全生产监督管理局
二OO八年三月

2008年平安济南建设
先进基层单位
济南市社会治安综合治理委员会
济南市人事局

企业主要荣誉

QIYE ZHUYAO RONGYU

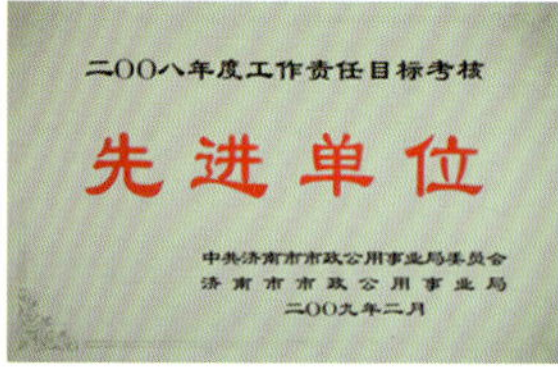

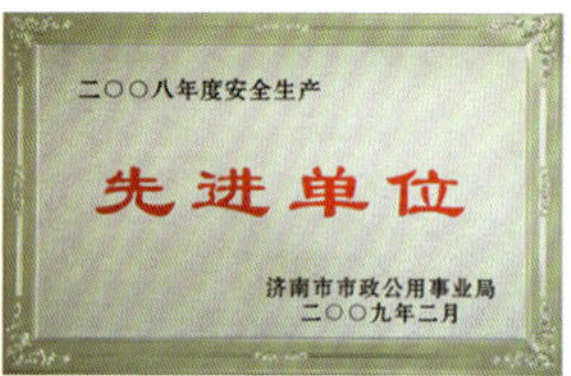

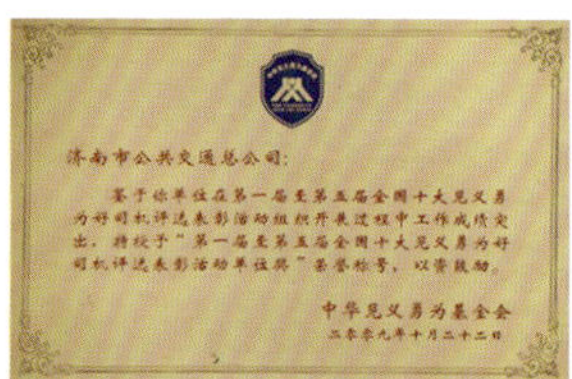

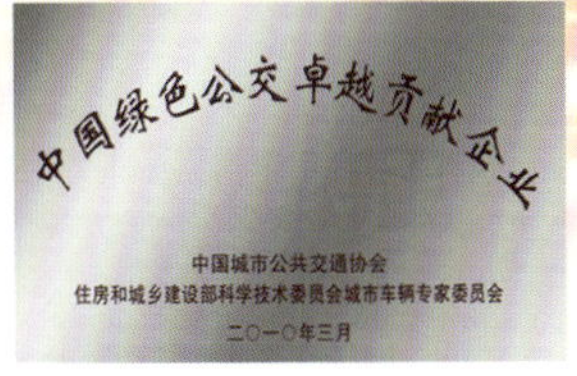
中国绿色公交卓越贡献企业
中国城市公共交通协会
住房和城乡建设部科学技术委员会城市车辆专家委员会
二○一○年三月

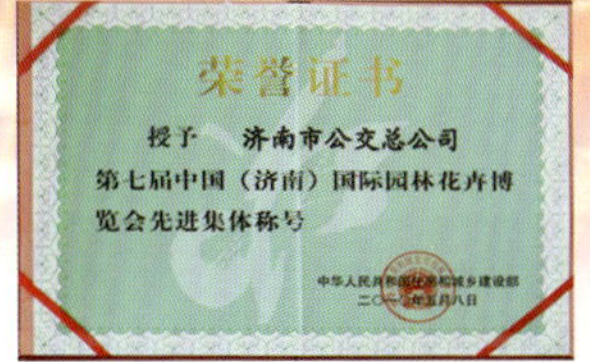
荣誉证书
授予　济南市公交总公司
第七届中国（济南）国际园林花卉博
览会先进集体称号

荣誉证书
济南市公共交通总公司：
荣获2008—2009年度"山东省职工思想政治
工作研究会优秀成果三等奖"。

思想政治工作创新案例
组织奖
二○一○年九月

荣誉证书

国家级
企业管理现代化创新成果
第十七届
等级：二等
创造单位：济南市公共交通总公司

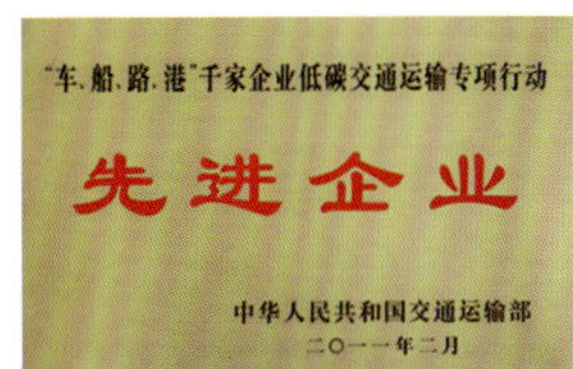
"车、船、路、港"千家企业低碳交通运输专项行动
先进企业
中华人民共和国交通运输部
二○一一年二月

中国低碳公交优秀企业
中国城市公共交通协会
住房和城乡建设部科学技术委员会城市车辆专家委员会
二○一一年三月

济南市公共交通总公司
中国城市公共交通
科技进步企业
(2009~2010)
中国土木工程学会
城市公共交通学会

全国"安康杯"竞赛优胜企业
中华全国总工会
国家安全生产监督管理总局
二○一○年一月

授予
模范职工之家
中华全国总工会
二○○三年九月

国家级
企业管理现代化创新成果
第十六届
成果名称：公交企业提升服务水平的星级管理
等级：二等
创造单位：济南市公共交通总公司

企业主要荣誉

QIYE ZHUYAO RONGYU

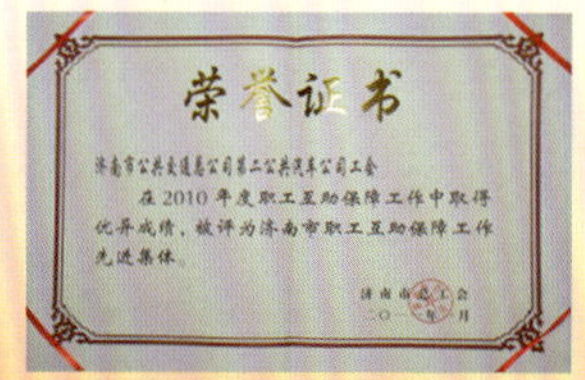

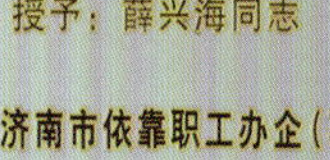

授予：薛兴海同志

济南市依靠职工办企(事)业

优秀个人

济南市总工会

二〇〇八年四月

IBI

全国交通运输

节能减排优秀贡献企业

荣誉证书

HONORARY CREDENTIAL

济南公交总公司党委：

[illegible]单位上报的《弘扬中国传统文化精髓，创建公交特色企业文化》文章被评为思想政治工作创新案例三等奖。

中国建设职工思想政治工作研究会

城市公交行业分会

二〇一〇年九月

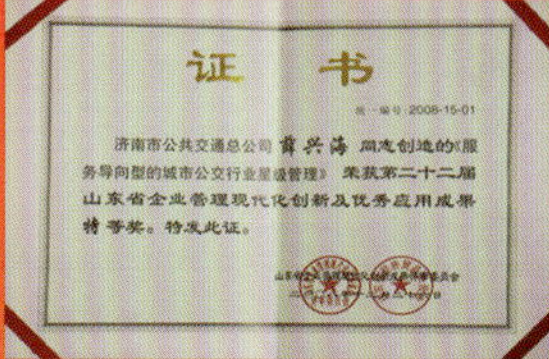

证书

统一编号：2006-15-01

济南市公共交通总公司 薛兴海 同志创造的《服务导向型的城市公交行业星级管理》荣获第二十二届山东省企业管理现代化创新及优秀应用成果特等奖。特发此证。

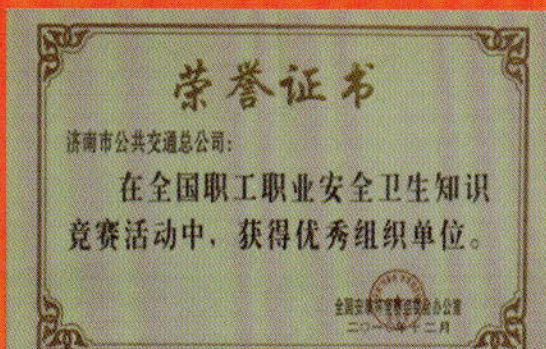

荣誉证书

济南市公共交通总公司：

在全国职工职业安全卫生知识竞赛活动中，获得优秀组织单位。

荣誉证书

经评审"实施人才兴企战略，造就高素质职工队伍"被评为：第五届中国企业教育培训优秀成果

著作：济南市公共交通总公司

第一部分
企业文化概述

QIYE WENHUA GAISHU

文化的定义

WENHUA DE DINGYI

中国龙文化。在数千年中国文化中，龙已渗透到中国社会的各个方面，成为一种文化的凝聚和积淀，成为中国的象征、中华民族的象征、中国文化的象征。对每一个炎黄子孙来说，龙的形象是一种符号、一种意绪、一种血肉相连的情感。

作为一种内涵丰富的社会历史现象，文化有广义、中义、狭义之分。广义的文化，是指人类在社会历史实践中所创造的物质财富和精神财富的总和；中义的文化，主要指人们改造主观世界的能力和成果，也就是精神文明；狭义的文化，专指文字艺术、新闻出版、哲学社会科学等。我们讲的文化，通常是指中义的文化。文化具有巨大的力量和强大的生命力，穿越时空代代相承，虽经沧桑而风采勃发。大到一个民族、一个国家，小到一个企业、一个个体，如果重视文化的传承与发展，就能获得凝聚力、生命力、创造力；反之，如果不注重夯实自己的文化根基，最终必然走向衰落、分裂或者消失。文化犹如旗帜，引领人们为了理想信念风雨同舟、矢志不渝。民族因文化的熏染而生机勃勃，人受文化的陶冶而勇敢坚毅，在为国家、民族、人民利益奉献价值的同时，提升并实现自己的最大价值。

企业文化的定义

QIYE WENHUA DE DINGYI

企业文化，或称组织文化（Corporate Culture或Organizational Culture），是一个组织由其价值观、信念、仪式、符号、处事方式等组成的其特有的文化形象。

关于企业文化的概念，有许多不同的认识和表达：

1.认为企业文化是指一个企业中各个部门，至少是企业高层管理者们所共同拥有的那些企业价值观念和经营实践；是指企业中一个分部的各个职能部门或地处不同地理环境的部门所拥有的那种共同的文化现象。

2.认为企业文化是价值观、英雄人物、习俗仪式、文化网络、企业环境；是进取、守势、灵活性——即确定活动、意见和行为模式的价值观。

3.认为企业文化是一种新的现代企业管理理论，企业要真正步入市场，走出一条发展较快、效益较好、整体素质不断提高、使经济协调发展的路子，就必须普及和深化企业文化建设。

4.企业文化有广义和狭义两种理解。广义的企业文化是指企业所创造的具有自身特点的物质文化和精神文化；狭义的企业文化是企业所形成的具有自身个性的经营宗旨、价值观念和道德行为准则的综合。

博大精深的齐鲁文化

BODA JINGSHEN DE QILU WENHUA

中华文明的摇篮地，目前公认的有六大块。它们是：泰山周围、华山周围、四川盆地、江汉平原、长江下游、辽西平原。其中泰山周围是最早、最大的一块。7000年前的北辛文化，5000年前的大汶口文化，4000年前的龙山文化等，都是在泰山周围被首次发掘，并以发掘地对其命名的。中华文化的开拓者——伏羲、炎帝、黄帝相当多的活动和贡献都是在山东。后来的齐国是炎帝后裔所建，鲁国是黄帝后裔所建。

在这块土地上诞生和发展起来的齐鲁文化，是中华民族传统文化中的瑰宝。齐鲁文化，是对春秋战国时期齐文化、鲁文化的总称，孕育于西周初年齐、鲁建国之始，生成于春秋，繁荣发展于战国，至汉代被吸收兼容。春秋战国时期，齐鲁大地涌现出一大批贤哲圣人，如孔子、孟子、曾子、子思、墨子、管仲、晏婴、孙子等，他们的思想理论成果不仅全面继承了此前三千年中国社会的文明和文化成就，而且成为此后两千多年中国传统文化的主体和源头。春秋以后，齐鲁文化以其博大精深的内涵，成为中华文化沃野中的一片森林。几千年来，其枝干根脉遍布于浩如烟海的典籍著述中。伴随着历史长河的陶冶，齐鲁文化历久弥新，在不同领域、不同方面，始终闪耀着璀璨的光芒。

济南公交企业文化

JINAN GONGJIAO QIYE WENHUA

济南公交诞生于1948年10月。60多年来，济南公交人发扬艰苦奋斗、勇于奉献、爱岗敬业、求实创新的精神，以饱满的工作热情和主人翁的责任感推动公交事业蓬勃发展。在企业发展和工作实践中，济南公交把乘客满意作为一切工作的出发点和落脚点，坚持以科学发展观为统领，以企业核心价值观为根本，以人本管理为核心，努力打造与齐鲁文化相承接、与现代公共交通发展目标相匹配、与干部职工精神文化需求相适应的济南公交企业文化体系。

济南公交企业文化的形成

企业文化的形成与企业所处的人文环境、所在的行业特点以及企业领导人的个人风格、员工素质有着直接的关系。纵观济南公交企业文化的形成，主要源于四个方面。

一、齐鲁文化的熏陶

济南公交是在党和政府的关心下，随着国家经济社会发展而不断发展壮大起来的公益性企业，与齐鲁大地有着天然、内在的联系。济南公交的企业文化深受齐鲁文化的熏陶，非常鲜明地打上了齐鲁文化的烙印。“让乘客满意、让政府放心、让员工快乐、为社会奉献”的企业核心价值观和“心系乘客、服务一流”的服务理念，是“修身、齐家、治国、平天下”的人生观、文化观在企业管理思想上的体现；“让每一个员工都能在公交施展才华”，积极提高员工自身素质，在企业发展中敬业奉献，实现“兼济天下”的人生理想；“和则兴”的内涵在济南公交得到了积极贯彻，企业大力营造并形成团结和谐的人际关系，将“开拓、务实、诚信、和谐”作为企业精神，并将优秀的个体集合成优秀的团队，为济南公交事业的又好又快发展提供有效保证。

二、领导班子管理思想的升华

历史唯物主义认为，历史是由人民群众创造的，但领袖的作用也是巨大的。在特定的发展背景下，在艰难而辉煌的企业发展历程中，企业领导班子审时度势，始终坚持把乘客满意作为一切工作的出发点和落脚点，以创一流服务品牌的理想凝聚人心，营造团结向上的企业文化氛围，大力推行强本固基工程、乘客满意工程、凝心聚力工程，把全体员工的工作热情有效地转化为干劲和创造力，这是我们公交事业持续发展的源泉；“用真情奉献社会、以诚信创造价值”的经营理念，有效提升了企业的服务水平和社会形象，这是我们公交事业持续发展的助推力；不断强化党的领导核心作用，通过思想政治工作和企业文化建设，将员工个人和企业价值的实现高度统一到创建服务品牌这一目标上来，这是我们公交事业持续发展的灵魂。

同时，企业领导班子成员十分注重自身人格修养，在工作中努力塑造团结协作、开拓进取、清正廉洁、勤奋敬业的人格魅力，不断感染周围的同志，在职工中树立良好的威信，形成强有力的战斗堡垒。

三、广大干部职工的事业追求

人民群众是历史的创造者。济南公交成立之初，就是凭借着公交人自力更生、艰苦创业的奋斗精神，把对公交事业的激情有效转化为工作的干劲和创造力，使济南公交事业得到稳步发展。在公交事业发展过程中，济南公交逐步形成了“辛苦我一个、方便千万人”的奉献精神和艰苦奋斗、勇于奉献、爱岗敬业、求实创新的优良传统，广大职工把企业的事情当成自己的事情，最大限度地发挥个人价值。在实际工作中，济南公交人本着为民服务的宗旨，逐渐形成了一支“特别能吃苦、特别能战斗、特别能奉献”的队伍，靠着这支队伍，济南公交在熔铸公交品牌的发展道路上屡创佳绩。

四、先进人物的精神追求

先进人物是企业精神的具体体现者，也是引导广大职工积极进取的风向标。在济南公交事业发展过程中，涌现出了一大批先进个人，他们在不同的岗位上代表了济南公交人的精神面貌、价值追求。在他们的示范下，企业形成了良好的工作风气和浓厚的企业文化氛围。对典型的先进事迹、高尚情操进行弘扬，不仅丰富了企业文化内涵，而且突出了济南公交企业文化全员共创的鲜明特色。

济南公交企业文化的层次

第一层次 企业物质文化

企业文化的表层，是企业行为文化和企业精神文化的显现和外化结晶，包括各类服务产品、文化产品、企业名称、视觉识别系统等。

第二层次 企业行为文化

企业文化的浅层，是企业在生产经营、人际关系中产生的活动文化，是以人的行为为形态、以动态形式为存在形式的文化层次，包括企业的组织管理和经营活动、员工的行为规范。

第三层次 企业制度文化

企业文化的深层，包括企业的管理模式、管理制度以及其他各项规章制度等。

第四层次 企业精神文化

企业文化的核心层，是企业在生产经营中形成的一种企业意识和文化观念，包括企业理念系统、道德修养等。

济南公交企业文化的作用

作为企业经营管理的主要依据，企业文化建设的基本职能就是确定和贯彻执行企业的主要经营管理思想，并在职工的工作生活中起着重要的作用。济南公交企业文化为推动企业和谐发展提供了强大的精神动力与智力支持。

一、导向作用

企业文化不仅指导全体员工的日常工作，而且影响全体员工的日常生活，影响员工的一言一行、为人处世、个人修养、人生发展。如在工作中，企业文化要求员工“诚信、感恩、立志、拼搏、忠诚、节俭”等，对员工个人修养的提高、人格的完善都具有重要作用，并将影响其一生。

企业文化对企业发展、管理决策也起着重要的导向作用。济南公交企业使命、战略目标、发展战略、企业愿景都是经全体员工认可的，这些文化内涵对企业战略决策起着导向作用，成为引导企业发展的路标和灯塔。

二、凝聚作用

企业文化是一种强力黏合剂，它超越组织制度，通过共同的价值认同和追求，形成特定的文化氛围，培养强大的向心力和凝聚力，使全体公交员工形成巨大的合力，形成“众人拾柴火焰高”的整体效应。尊重人、理解人、启发人、关心人、激励人的企业文化氛围，换来员工的真心、家属的贴心、乘客的满意和事业的发展。“让乘客满意、让政府放心、让员工快乐、为社会奉献”的企业核心价值观根植于全体员工的内心，成为共创辉煌的重要力量。

三、激励作用

企业文化是公交员工共同认可的价值标准，它内含的价值取向，激励每一名公交人自觉地把个人的理想追求与公交的事业发展融为一体，不论是“心系乘客、服务一流”的服务理念，还是企业核心价值观，都在不同的时期成为企业和全体员工积极开拓进取、无私奉献、再创辉煌的力量源泉。同时，通过举办先进个人事迹报告会等形式，典型引路，以员工在企业工作的经历诠释“开拓、务实、诚信、和谐”的企业精神，从而激励更多员工的进取心。

四、稳定作用

企业致力于打造公交服务品牌，企业文化是一团很好的酵母，是一股强大的辐射源，能将整个企业的价值观、职业道德、工作作风等，沿着企业发展的时间和空间传递到各个层面。济南公交“让每一个员工都能在公交施展才华”的人才理念和细致入微的暖心工程，成为企业广大干部职工队伍的稳定剂；以企业文化为载体，推进情绪管理，培育企业精神，改善发展环境，强化员工的归属感等，对稳定干部职工队伍起到巨大的作用。企业文化是在多年工作实践中提炼的，具有相对稳定性和连续性，一经建立即进入整个企业生活和员工的内心深处，持续而稳定地发挥作用。

第二部分
理念系统

LINIAN XITONG

企业精神

QIYE JINGSHEN

开拓 务实 诚信 和谐

企业精神是指企业员工所具有的共同思想境界和理想追求，是企业广大干部职工共同拥有、共同表现出的群体风貌和群体理念，是企业经过长期发展共同培育、具有鲜明时代特征和行业特征的群体意识。企业精神以外显的形态来表现健康向上的群体意识和企业个性，是企业文化特质中最富个性和号召力的要素语言，是企业凝聚力的根源和企业发展的原动力。企业精神的来源主要有两个：一是企业广大员工长期以来思想、行为的凝结；二是企业理想和追求的升华。经过60多年的发展和积淀，济南公交在发展历程中形成了“开拓、务实、诚信、和谐”的企业精神，将其作为自身的行为准则和精神追求。

开拓是无惧逆境、奋力拼搏的伟大精神，是用超常规的思维超越自我的宏大气魄，是企业能够不断发展壮大的不竭动力。济南公交把“坚持公交优先、实现公交优秀”作为企业的发展战略，将“创建一流企业、培育一流人才、提供一流服务、铸造一流品牌”作为企业愿景，解放思想，锐意进取，不断进行管理创新、科技创新、制度创新，不断拓宽服务领域、创新服务形式、优化公交线网，着力提升科学化管理水平，超越自我、完善自我，努力树立良好的社会形象，铸造济南公交优质服务品牌。

务实就是讲究实际、实事求是，这是中国农耕文化较早形成的一种民族精神。古语有云：“大人不华，君子务实。”“名与实对，务实之心重一分，则务名之心轻一分。”这些思想体现了中华文化注重现实、崇尚实干的精神。作为一种传统美德，务实是企业稳步发展的基础，“企者不立，跨者不行”，济南公交广大员工数十年如一日，踏实勤恳、无私奉献，以坚实的行动为市民提供优质的公交服务。

诚信是信用、信义和信誉的总和，是中华民族的优良传统，是窗口服务行业取信于民、保持良好社会形象的重要表现。诚信维系了企业和员工、企业和乘客、企业和社会、企业和政府的和谐统一。济南公交把《论语》名句“言必信，行必果”收入《公交论语》，将其纳入公交企业文化中，作为企业经营发展的基本准则和公交员工共同遵守的行为规范。

和谐是指对自然和人类社会变化、发展规律的认识，是人们追求美好事物和处事的价值观、方法论。在中国古代社会，和谐有“和睦协调”、“配合得适当”、“和好相处”等意义。和谐是济南公交的不懈追求。济南公交深入学习实践科学发展观，切实履行社会责任，扎实搞好节能减排工作，为建设“天蓝、水清、地绿”的宜居泉城做出贡献，追求企业发展与城市建设的和谐；努力为社会提供优质的公交服务，追求企业发展与乘客需求的和谐，追求企业发展与员工进步的和谐，追求社会效益与经济效益的和谐。

核心价值观

HEXIN JIAZHIGUAN

让乘客满意 让政府放心
让员工快乐 为社会奉献

2009年，为迎接第十一届全运会，济南公交开展了迎全运“百日会战”活动，广大公交员工庄严宣誓：“微笑服务迎全运、文明行车铸品牌！”

核心价值观

HEXIN JIAZHIGUAN

让乘客满意　让政府放心
让员工快乐　为社会奉献

企业核心价值观是指企业在生产经营过程中，逐步确立的企业全体员工的共同信念或共同信仰，是企业基本的、长期奉行的宗旨。企业核心价值观是企业全体员工努力追求的最高目标和理想，决定了企业全体员工特有的价值取向、追求目标和行为规范，是企业文化建设的核心内容。济南公交在60多年的发展中，始终秉承“心系乘客、服务一流”的服务理念，精心打造企业的核心价值观。广大公交员工发扬“辛苦我一个、方便千万人”的奉献精神，形成了艰苦奋斗、敢于创新、勇于进取、甘于奉献和“特别能吃苦、特别能战斗”的优良传统。在此基础上，济南公交人逐渐提炼出了“让乘客满意、让政府放心、让员工快乐、为社会奉献”的核心价值观，成为广大公交员工共同的最高追求。

“让乘客满意”是济南公交最高的追求目标之一，是公交服务价值与成效的集中体现。乘客能否选择公交车作为出行工具，服务质量将是其衡量选择的条件之一。济南公交始终把乘客满意作为一切工作的出发点和落脚点，全面实施以推行“星级管理、星级服务”制度和拓展服务领域为主要内容的乘客满意工程，开展了“温馨公交系乘客、微笑服务铸品牌”系列主题活动，精心熔铸公交微笑服务品牌，不断提升济南公交的满意度和美誉度，切实为广大乘客提供优质服务。公交员工在工作中保持精神饱满，想乘客之所想、急乘客之所急，多一份沟通、多一份理解、多一份微笑、多一份和谐，与乘客之间建立了和谐融洽的驾乘关系。

“让政府放心”是济南公交对党和政府给予我们关心、厚爱与信任的回报。作为重要的民生工程，公交事业是政府与百姓沟通的连心桥，承载着政府对民生

在冰雪天气来临之际，济南公交组织冬运青年突击队上站上线清扫站台积雪。

的关注和对百姓的关爱。只有为百姓提供贴心舒适的服务、将政府的关爱传递给百姓、在关键时刻完成急难险重任务，实现让乘客满意，才能让政府真正放心。济南公交在诚信经营的同时，着力提高公交服务能力和水平，完善公交服务监督体系，忠实履行公益职能，承担社会责任，切实做到让政府放心。

"让员工快乐"是济南公交"以人为本、科学高效"管理理念的体现，是济南公交党委一班人达成的一致共识。"让员工快乐"是建立在让乘客满意和政府放心的基础上的。济南公交将"构建温暖和谐企业，为广大公交员工创造可以愉快工作、有良好职业发展的工作环境"作为战略目标之一，从职工最关心、最直接、最现实的利益问题入手，怀着对职工的浓厚感情，诚心诚意办实事、尽心竭力解难题、坚持不懈做好事，让员工在工作中有幸福感、在生活中有归属感、在社会上有自豪感。

"为社会奉献"是济南公交对社会各界给予公交支持、帮助、厚爱的回报，也是济南公交社会责任感的集中体现。公交行业责任光荣，使命重大。作为公交员工，选择公交行业，意味着必须有吃苦耐劳、勇担重任、脚踏实地、勇于进取的奉献精神。作为公益性企业，济南公交在努力为社会提供优质服务的同时，始终把承担社会责任、履行公益职能作为提升服务质量、创建服务品牌的重要内容，切实履行公益责任，承担社会义务，努力为社会奉献。

济南公交以优质的服务让乘客满意，以优异的工作成绩让政府放心，以和谐的工作环境让员工快乐，以真情的服务奉献社会，努力铸造济南公交优质服务品牌。

服务理念

FUWU LINIAN

心系乘客　服务一流

济南公交始终把乘客满意作为一切工作的出发点和落脚点，视乘客为上帝，把乘客当亲人，实行亲情服务、微笑服务，积极推进管理创新和服务创新，全心全意当好百姓的“专职司机”，努力建设人民群众满意公交。

2004年，济南公交率先在全国同行业推行了“星级管理、星级服务”制度，使自我加压、自我约束、自我提升成为全体员工的自觉行为，切实提高了济南公交的服务质量和服务水平。为满足不同群体的出行需求，济南公交不断创新服务形式、拓展服务领域、细化服务内容，推出大站快车、区间车、支线车、跨线车、学生专线车、小区班车和超市班车等特色线路，成立了公交旅游公司，推出了企事业单位班车、旅游包车、会展用车和市内租车等业务，整合了历城公交，满足市民的多样化出行需求；通过济南公交网，及时了解乘客对公交的意见和建议；从社会各界聘请义务监督员，不断完善公交服务社会监督网络；建立乘客满意度调查制度，通过96596交通服务热线、96190公交热线和济南公交网及时了解乘客对公交服务的满意度，解决群众反映的热点、难点问题，认真改进服务工作中存在的问题；积极开展“微笑服务”品牌创建活动，在服务中当老人的儿女、当儿童的家长、当游客的向导、当病人的陪护、当残疾人的拐杖、当精神文明的传播者。通过提高公交服务能力和服务水平，塑造公交窗口文明形象，进一步熔铸公交服务品牌，促进公交事业科学发展。

济南公交驾驶员张贴微笑服务标志

经营理念

JINGYING LINIAN

用真情服务社会 以诚信创造价值

企业的经营理念是指企业经过长期的生产实践活动，为实现企业发展战略目标，结合时代发展与企业实际而形成的基本经营管理思想。经营理念主要包括对企业环境、企业特殊使命以及对完成企业使命的核心竞争力的基本认识。实践证明，一套明确的、始终如一的、精确的经营理念，对企业的发展意义重大。

济南公交坚持“用真情服务社会、以诚信创造价值”的经营理念，始终把乘客满意作为一切工作的出发点和落脚点，切实为社会提供真情、优质的公交服务。真情服务体现在服务设施、服务质量和社会信誉上，体现在员工的各项工作中。完善的服务设施、优质的服务质量和良好的社会信誉，是济南公交的立身之本。济南公交对65岁以上、70岁以下老年人实行半价乘车，对70岁以上老年人、现役士兵、盲人和伤残军警实行免费乘车，对持有月票乘客和学生实行乘车优惠，全市的公交票价一直保持在2001年的水平，群众的人均出行成本仅为0.83元/人次，比省会城市平均数低19%。

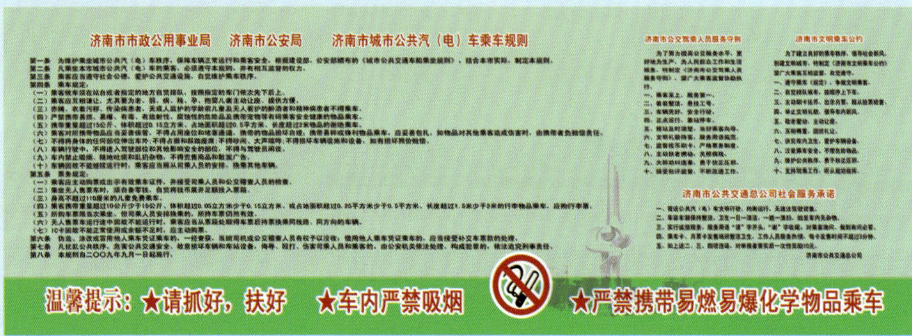

济南公交以“星级管理、星级服务”为总抓手，以“争当星级驾驶员、争创星级线路”活动为载体，进一步提升了服务水平和装备水平：更换了大量款式新颖、乘坐舒适的新型绿色公交车，增设电子站牌，改善了乘车和候车环境；优化了公交线路线网，加快推进了智能调度工作，实行了“定点发车、准时到站”精细化调度管理，提高了运营管理质量，较好地满足广大市民的出行需求。在诚信经营的同时，济南公交忠实履行公益职能，承担社会责任，服务力度进一步增强。热心于社会公益事业，积极组织参加各种社会公益活动，定期组织公交员工进社区、上站台，发放便民乘车示意图，宣传安全乘车常识，努力提升企业社会形象。

管理理念

GUANLI LINIAN

以人为本　科学高效

人是企业最为宝贵的资源。“以人为本”是指从人的根本需求和利益出发，注重发挥人力资本在企业发展中的作用，在企业管理中尊重人、理解人、关心人，把不断满足人的全面需求、促进人的全面发展作为企业发展的根本出发点。济南公交始终把“以人为本”作为企业的根本管理思想，注重对广大职工的人文关怀，尊重员工在这个统一体中的主体地位，充分肯定员工的主体作用。济南公交“以人为本”理念主要体现在四个方面：一是理解尊重每一位员工，调动员工积极性，激励员工为共同的事业奋斗；二是积极营造有利于人才脱颖而出和人尽其才的良好环境，在人才选拔使用上坚持公开、公平、竞争的原则，实现人才的合理有序流动和人力的优化配置；三是致力于建立持续激励的人力资源管理机制，实施持续激励的手段，持续开发员工新的需求，为员工施展才能、实现抱负搭建起理想的平台，实现个人与企业的协调发展；四是努力建设学习型企业，构建员工职业教育培训体系，使人力资源成为企业科学发展的优势资源。此外，济南公交围绕“情绪管理”做文章、下功夫，实行动态管理形式，通过制作驾驶员心情指数“晴雨表”、建立 “BRT驿站”、成立“啄木鸟”小分队、开通“知心大姐”热线、建立帮扶救助长效机制等形式，创造性地开展职工思想政治工作，大力推行“暖心工程”，使全体职工能够在舒心、快乐的氛围下开展工作。

科学高效是指企业的管理行为与思想要富有科学性、规律性和高效性，企业的管理和执行要具有较强的反应速度、应变能力和解决问题的能力。济南公交经过长期努力，形成了较为精细的量化管理体制，上至各级管理人员、下至基层驾乘、保洁人员，都有详细的评价考核标准。这种方式为员工提供一个良好的发展平台，最大限度地调动员工的积极性和创造性。济南公交还注重管理的专业化、精细化，把管理的各个环节进行详细划分，使每个环节都有专人负责。

济南公交高度重视管理模式的创新，在同行业率先推出了“星级管理、星级服务”制度，开展了“争当星级驾驶员、争创星级线路”主题活动，积极创建微笑服务品牌，使自我加压、自我约束、自我提升成为全体职工的自觉行为；大力实施科技兴企战略，加快推进智能公交建设，建成公交物联网系统，提高了管理工作效率；积极实施人才强企战略，注重人才教育，充分发挥人才带头作用，为企业发展注入活力。2008年6 月，济南公交实行“运修分离、主辅分离”，把维修系统和营运一线剥离开来，使维修和营运各自独立，各系统内部统一自我管理、统一调配，进一步提高了对人员和车辆的管理效率。这些举措将公交的社会效益和社会责任，企业目标和员工利益有机结合起来，有效地提高了济南公交的整体管理水平和服务水平。

人才理念

RENCAI LINIAN

让每一个员工都能在公交施展才华

马克思认为，世界上一切事物中，人是最宝贵的。作为企业，员工是其生存发展的关键。“让每一个员工都能在公交施展才华”的人才理念，充分体现了济南公交尊重人才、重视人才、爱惜人才的理念。

近年来，济南公交致力于人力资源管理的改革，打破了管理人员岗位终身制，引入竞争机制，按照“德才兼备、以德为先”的用人理念，全面推行人才聘任和任期制度，形成了一个充满生机与活力的选人、用人机制。任何一名公交员工，只要符合报考的基本条件，就可以报考自己心仪的岗位，经过笔试和面试合格后，被予以任用。同时，济南公交还制定完善了“岗位成才”计划，定期评定首席驾驶员、首席修理工、首席保洁员等荣誉称号，真正实现了让每一个员工都能在各自的岗位上施展才华，实现了个人价值与企业发展的和谐统一。

济南公交在人才使用培养上，坚持以自身培养为基础，以人才引进为主力，以科学管理为方法，以有效激励为促进，全方位、多层次地实施公司人力资源管理，营造知人善任，人尽其才的良好氛围。2005年以来，济南公交先后组织了5次大规模的后备管理人员选聘活动，780多名优秀人才走上企业各级管理岗位，提高了企业的核心竞争力。公司有计划地安排各级管理人员参加各类培训，着力提升管理团队的经营管理能力，从人才发展战略高度出发，注重挖掘和培育典型，营造敢于创新、创先争优的良好氛围。

安全理念

ANQUAN LINIAN

安全是效益　安全是稳定　安全是和谐

安全是首要任务，是重中之重，是一切工作的基础，关系到企业效益、社会稳定与和谐。安全工作重在预防，预防胜于救灾。安全工作必须坚持“安全第一、预防为主、综合治理”方针，常抓不懈、警钟长鸣。《韩非子·喻老》有言：“丈之堤，以蝼蚁之穴溃；百尺之室，以突隙之烟焚。”往往大的灾难，都是从小的不足开始的。安全预防工作，要按照“严之又严、慎之又慎、细之又细”的要求，不遗漏每一个细节，不放过每一丝隐患，不姑息每一个不按照操作规程的员工，宁可谨慎有余，不可大意有失，从根本上杜绝安全事故发生的可能。

济南公交坚持以科学发展观统领安全生产工作，按照《安全生产法》要求和“关口前移、重心下移、超前防范”的原则，建立健全党政工团齐抓共管和“一岗双责”的安全生产工作格局，建立三级安全工作网络，正确认识和处理安全生产与企业实现又好又快发展的关系，把做好安全工作和确保一方平安作为衡量各级领导是否树立正确政绩观的重要标志，认真开展“安全生产月”、“安康杯”竞赛、“百日安全生产竞赛”等活动，切实把安全发展理念落实到各项工作中，贯穿各项工作的全过程。

济南公交以治理隐患、防范事故、提升企业安全管理水平为重点，深入开展安全生产隐患治理活动，严惩违法、违规驾驶行为，抓好安全生产基层管理、基础教育工作，积极组织开展以防汛（冰雪）车辆调度、营运车辆火灾、道路交通事故等为主要内容的应急突发事件应急处置和逃生自救疏散演练，全面落实各级安全生产责任制，确保年度安全生产责任目标顺利完成。济南公交已连续五年蝉联全国“安康杯”竞赛优胜企业称号。

学习理念

XUEXI LINIAN

员工在学习中进步 企业在学习中发展

学习是指客观世界在主体中内化并使主体发展的过程，是在理解、态度、知识、信息、能力以及经验技能方面学到的相对恒定的过程。学习能够开导灵魂，能够提升和强化人格，能够激发人们的美好志向，能够增长才智和陶冶心灵。济南公交坚持以“员工在学习中进步，企业在学习中发展”为学习理念，努力争创学习型企业，培养知识型员工。

建设学习型企业，是企业增强核心竞争力的重要保证。以学习促发展，是企业走向成功的不竭动力。在学习型企业中，学习与工作须臾不可分，工作的过程即为学习的过程，学习的过程又反过来促进了工作的提升。济南公交把员工培训作为一项战略任务纳入企业日常经营管理中，使其成为人力资源开发的核心内容。公司专门成立职工培训中心，编印公交培训系列丛书，进行驾驶员、修理工全员脱产培训，不断创新培训形式、完善培训内容，通过对职工进行信念教育、国情教育、形势教育、职业道德教育、个人品德教育，引导全体职工牢固树立主动学习、自觉学习、终身学习的理念。开设处级“MBA研修班”、科级“管理科学研修班”和“硕士研究生班”等培训班，提高管理人员的管理能力，培训覆盖率达到90%以上。各车队还定期组织安全生产培训，服务礼仪培训，服务用语、英语、手语培训等培训活动，通过岗前培训、脱产培训、在职培训和外派培训等形式，把企业理念、服务标准、职业规划等融汇到培训中，全面提升员工素质。此外，济南公交积极建设学习型党组织，建立了党委中心组学习制度、党支部学习制度及党员干部集体学习培训等制度，通过定期学习，广大党员干部认真理清了学习与工作、学习与生活的关系，较好地处理了工学矛盾。这些战略举措推动企业内部形成浓厚的学习氛围，使员工在学习中进步，企业在学习中发展。

廉洁理念

LIANJIE LINIAN

修身正己　廉洁兴企

廉洁，即公正不贪，清白无污。廉洁不仅是一种道德观念，还是一种价值尺度。一个企业，特别是国有企业的廉洁氛围是否浓厚，是衡量这个企业制度是否健全的一个重要指标。济南公交党委高度重视廉洁教育工作，并结合公交实际，提炼出“修身正己、廉洁兴企”的廉洁理念。

人品好，个人才有发展。济南公交广大干部职工始终秉持“让乘客满意、让政府放心、让员工快乐、为社会奉献”的核心价值观，清白做人、干净做事，保得住气节，不断增强免疫力；切实做到自尊、自爱、自警，筑牢思想道德防线，不断提升个人品质与品位。

风气正，企业才有希望。济南公交悉心创建廉洁环境，建立健全企业廉政监督机制，让员工不碰“高压线”、不闯“警戒线”、不打“擦边球”、不尝“糖衣弹”，共同打造透明、和谐的“清洁”公交企业。

执行理念

ZHIXING LINIAN

雷厉风行　令行禁止

执行就是贯彻施行，企业员工的执行能力，是将企业战略目标、发展战略转化成为效益、成果的关键。对团队而言，个体的执行能力决定着团队的战斗力；对企业而言，员工的执行能力就是企业的经营能力。而衡量执行能力的标准，对企业而言就是在预定的时间内完成企业的目标，其表象在于完成任务的及时性和质量，是企业经营的核心内容。

经过60多年的春华秋实，济南公交锻炼了一支“特别能吃苦、特别能战斗、特别能奉献”的队伍，也形成了11000余名公交员工“雷厉风行、令行禁止”的执行理念。对待决策，无条件执行，绝不拖沓；日常工作，今日事、今日毕；面对困难，只为成功想办法，不为失败找借口。执行上级命令，行动迅速、不折不扣；执行公司制度，严肃认真，按流程办事、按规程操作。公司职工强有力的执行能力，推动着济南公交事业蒸蒸日上。

创新理念

CHUANGXIN LINIAN

善思求变　开拓创新

创新是企业发展的不竭动力，是企业发展的活力源泉。济南公交11000余名员工在企业稳步发展中不断解放思想、开拓创新，在工作中摸索，在摸索中前进，推动公交事业屡创佳绩。

2004年，济南公交在全国同行业率先推行了“星级管理、星级服务”制度，使自我加压、自我约束、自我提升成为全体员工的自觉行为，员工的服务意识、服务水平明显提升，济南公交的整体服务质量显著提升。2009年，济南公交以第十一届全运会为契机，深入开展“微笑服务”系列活动，员工队伍整体素质不断提高。截至2011年底，公交服务合格率达97.95%，平均乘客满意度达94.76%，均创下了历史最好水平。济南公交把加强企业文化建设作为凝聚员工心力、提高服务管理水平、推动公交事业又好又快发展的强有力保障，尤其是2006年以来，济南公交加快推进了优秀中国传统文化与企业文化建设的融合，

把国学经典《论语》纳入企业文化建设之中，推出了济南“公交论语”，进一步丰富公交企业文化内涵，为实现企业的健康、持续发展提供了强大动力。2008年以来，济南公交推行了以人文关怀为基础的员工情绪管理，用情绪管理提升公交服务的安全与效率，建立企业与员工的“精神契约”，有效地提升了管理水平和服务水平。济南公交大力实施科技兴企战略，初步建成智能调度物联网系统，确保车辆合理调度，安全运营，并以此为基础，实现了24条线路“定点发车、准点到站”，方便了市民出行，大大提高了乘客满意度和企业社会美誉度。

一时创新，小有进步；时时创新，才能持续发展。济南公交人充分发挥聪明才智，坚持每天改进一小点、每月前进一小步，积累点滴的进步让企业不断提升，集成细小的创新推动公交事业实现跨越式发展。

第三部分
企业发展

QIYE FAZHAN

企业使命

QIYE SHIMING

以人为本，建设创新、和谐、文明企业，为社会提供优质的公交服务

企业使命是指企业在全社会经济领域中所经营的活动范围、层次以及在社会经济活动中的身份或角色，包括企业的经营哲学、企业的宗旨和企业的形象。企业使命基于企业对战略的自我选择，必须围绕企业对发展战略的思考和企业应该具备的社会责任。

社会需要公交，公交奉献社会。“以人为本，建设创新、和谐、文明企业，为社会提供优质的公交服务”是济南公交的使命，是济南公交人的共同目标，也是企业内在的张力，更是实现企业价值的最佳途径。只有以人为本，建设创新、和谐、文明的企业，才能为社会提供更优质的公交服务。

战略目标

ZHANLUE MUBIAO

以建设“公交都市”示范城市为契机，构建以大运量快速公共交通为骨干、常规公共交通为主体、其他公共交通方式为补充、城区公共交通与对外交通紧密衔接的城市公共交通体系，为人民群众提供快捷、安全、方便、舒适的公交服务，使广大群众愿意乘公交、更多乘公交，为济南经济社会发展提供强有力的公共交通保障。构建温暖和谐企业，为广大公交员工创造可以愉快工作、有良好职业发展的工作环境。

战略目标是指企业对战略经营活动预期成果的期望值，是企业宗旨的展开和具体化，是对企业经营目的、社会使命的进一步阐明和界定，也是企业在既定的战略经营领域展开战略经营活动所要达到的水平的具体规定。

济南公交努力扩大线网覆盖范围，注重科技创新，积极引进成熟的快速公交体系，将其作为贯穿济南城区的主体，并以此为中心，逐步形成以大运量快速公共交通为骨干、常规公共交通为主体、其他公共交通方式为补充、城区公共交通与对外交通紧密衔接的城市公共交通体系；同时，通过提升装备和服务水平，提高公交社会分担率，让更多的人享受到公共交通的快捷与方便，使城市公交车成为广大市民乘客出行的首选。济南公交坚持“以人为本、科学高效”的管理理念，积极构建温暖和谐企业，通过企业自身的不断强大和各项管理制度的日臻完善，使每一名公交员工都能在公交施展才华。

2015年战略目标：公交出行分担率达到50%以上，日运量达到500万人次以上；万人公交车拥有量达到18标台；城市建成区500米半径公交站点覆盖率达到90%以上；新能源公交车比例达到8%以上；形成覆盖全市的快速公交网络；城市综合交通信息平台、城市公共交通综合换乘枢纽等设施初步建成；建立健全基础管理制度；城市公共交通IC卡使用率超过80%。

发展战略

FAZHAN ZHANLUE

坚持公交优先　实现公交优秀

发展战略是指企业经过长期科学构划而成的一种积极向上、全局性蓝图，对企业的长远发展具有极其重要的战略意义。济南公交的发展战略是“坚持公交优先、实现公交优秀”，充分抓住国家优先发展城市公共交通的有利机遇，充分调动各方面的积极性，不断提高自身发展能力，把企业做强、做大、做优秀，为实现建设资源节约型、环境友好型、社会和谐型企业的发展目标做出积极贡献。

优先发展公共交通是城市发展过程中解决交通问题的必由之路，也是建设资源节约型社会的一个必然要求。随着城镇的发展，城市的交通问题越来越突出。实践证明，只有优先发展城市公共交通，才能充分利用城市公共交通，推进城市有条不紊地发展，有效满足城市居民出行需求。济南公交将坚持公交优先，不断优化线网，创新管理模式，更新服务设施，拓展服务领域，提升服务水平，创新发展，营造和谐，努力实现公交优秀。

企业愿景

QIYE YUANJING

创建一流企业　培育一流人才
提供一流服务　铸造一流品牌

“愿景”是一个外来词汇，它是人们心中的一股令人深受感召的力量，也是人们心中或脑海中所特有的意向或景象，是一种激发潜能的梦想。企业愿景是企业全体员工对未来美好景象的憧憬，是对“我们期望看到的景象”、“通过努力可能实现的愿望”等问题的基本概括，是企业员工的共同意向。

创建一流企业是全体公交人最大的心愿，企业的根本是人才,产品是服务。只有创建一流的企业，拥有一流的人才，提供一流的服务，才能成为一流的品牌。济南公交将“创建一流企业、培育一流人才、提供一流服务、铸造一流品牌”作为企业的愿景，分别从企业、人才、服务、品牌四个方面表达了对企业未来发展的展望，体现了济南公交坚持走全面、协调、可持续的科学发展之路的坚定信念，体现了济南公交不断自我完善、自我超越、追求卓越的美好愿望。济南公交通过对员工的培训教育，不断提高企业的管理水平和员工的业务素质，以良好的设施、优质的服务牢固树立公交新形象，提升公交服务品牌，把济南公交建成全国同行业一流企业。

第四部分
行为系统

XINGWEI XITONG

干部职工行为规范

GANBU ZHIGONG XINGWEI GUIFAN

树立崇高理想 升华人生目标

● 政治坚定 清正廉洁

坚定不移地贯彻执行党和国家的路线、方针、政策，严格遵守国家的法律、法规以及总公司的各项规章制度，执行有力，恪尽职守。加强反腐倡廉学习，做好相互监督与自我监督，严格执行反腐规定和相关财务制度，廉洁自律，发扬民主，自觉接受群众监督，筑牢防线，守住底线，不碰高压线。

● 遵章守制 依法治企

自觉遵守各项企业管理制度，培养认真、严谨、细致、负责的工作习惯，按程序办事。坚持依法治企，按照规定的职责权限和工作程序履行职责，不滥用权力，做学法、守法、用法和护法的践行者；遵循公平、公正原则，不偏私、不歧视。

● 勤奋好学 自勉自励

牢固树立学习为本、终身学习的理念，坚持学以立德、学以增智、学以致用、学用相长、敏而好学、学而不厌，以学习促能力、以学习促素质、以学习促工作。奋发有为，积极进取，敢挑重担，直面困难，自我激励，自我挑战，自强不息。面对荣誉不骄傲，始终保持谦虚谨慎、不骄不躁的工作作风；面对挫折不气馁，始终保持高昂向上、乐观豁达的精神面貌。

● **履职尽责　服务优质**

坚持恪尽职守、勤勉履职，有强烈的事业心和责任感，在岗位中奉献、在岗位中成长；坚持脚踏实地，与时俱进，锐意进取，大胆开拓，创造性地开展工作。坚持服务为民，奉献社会，提高办事效率；坚持讲细节、讲规范、讲形象，严格遵循微笑服务标准，精益求精，努力提供优质服务。

● **明礼诚信　团结友爱**

举止端庄，仪表大方；语言文明，讲普通话；说话注意场合，和气文雅，分寸适度；与人为善，礼貌待人。以诚待人、以诚行事，以诚立信，言必行，行必果。分清是与非、善与恶、美与丑，做当荣之事、拒为辱之行。坚持以大局为重，团结协作、和衷共济，正确处理个人与集体、权利与义务、竞争与协作的关系。发扬互帮互助、助人为乐的集体主义精神，和睦友爱，先人后己，培育思想同心、目标同向、行动同步的团队精神。

济南公交管理人员任职宣誓誓词

我宣誓：

热爱公交，忠于企业；
政治坚定，勇于担当；

开拓创新，艰苦奋斗；
恪尽职守，廉洁高效；

精通业务，热情服务；
团结协作，注重修养；

提升素质，树立形象；
不辱使命，奉献社会。

管理人员任职宣誓誓词是济南公交党委加强党风廉政建设工作的又一创新举措，要求管理人员增强廉洁自律意识，增强责任感和使命感。

热爱公交　忠于企业

“热爱公交，忠于企业”是济南公交每个管理人员都应该具备的基本职业素养。热爱公交才能忠于企业，忠于企业才能干好本职工作。在工作中，每位管理人员应该怀着“人企为一”的态度，增强企业责任感、使命感，为企业发展做出自己应有的贡献。

政治坚定　勇于担当

作为国有企业的一员，政治立场坚定是一项基本准则，勇于担当则是国企管理人员的使命。济南公交广大管理人员应始终坚定理想信念，以科学发展观为统领，把乘客满意作为一切工作的出发点和落脚点，牢固树立正确的权利观和利益观，加强自身思想政治修养，勇于承担责任，履行管理义务，为推动企业和谐发展而努力奋斗。

开拓创新　艰苦奋斗

企业发展，其生命力在于开拓创新，其支撑力在于艰苦奋斗。济南公交广大管理人员应该经常学习，不断丰富自身内涵，提升自身水平，大胆走出去、引进来，力求在坚持实践探索、破解发展难题上有新突破，在加快技术进步、着力疏通瓶颈制约上有新突破，不断优化公交线网，提升车辆技术装备水平，大力发展公交信息化，以新的思路、新的姿态、新的局面，助推企业实现新的发展。在开拓创新的同时，广大管理人员应秉承公交人“特别能吃苦、特别能战斗、特别能奉献”的艰苦奋斗精神，确保各项工作扎扎实实开展，取得实实在在的成效。

恪尽职守　廉洁高效

“恪尽职守”就是要谨慎认真地做好本职工作，它作为一种岗位职责要求，是一种责任，一种境界，一种精神，是衡量一个人对工作是否尽职尽责的重要标准，也是对一个人基本的道德要求。“廉洁高效”就是要求管理人员廉洁自律，务实高效。济南公交广大管理人员是企业发展的重要力量，应该自觉端正工作态度，牢记职责，在内心树立起从容、淡定的理念，舍弃张扬、浮夸的奢求，始终保持对党和企业的忠诚，主动做好本职工作，不因个人的得失影响对工作的热情，牢记使命，从自身做起，从现在做起，从一切能够做的事情做起，努力做恪尽职守的模范。

精通业务 热情服务

“精通业务”就是要熟悉本职工作职责、工作任务，具备较高的本行业工作能力。“热情服务”要求广大公交管理人员，对外要热情服务乘客，对内要热情服务职工。要对照公司关于管理人员的要求，学好、学精业务知识，提高工作能力；同时结合公司开展的“微笑服务”活动要求，完善服务方式、方法，做广大乘客的服务者，做广大职工的贴心人。

团结协作 注重修养

管理人员在工作中要相互支持、相互配合，顾全大局，明确工作任务和共同目标，在工作中尊重他人，虚心诚恳。修养是人格品质和思想道德的闪光。管理人员应不断提升自身修养，做好表率，展现企业职工良好精神风貌和企业文明风尚。

提升素质 树立形象

素质包括道德修养、工作能力、协调能力、学习能力等多个方面，管理人员要树立终身学习理念，提升综合素质，提高管理水平。与此同时，影响、带动周边同事加强学习，不断进步，增强企业整体经营管理水平，提高企业社会形象。

不辱使命 奉献社会

成为企业管理人员，是企业对个人能力的信任，同时也意味着一种责任。管理人员应该以此为动力，自我加压，努力工作，无私奉献企业、奉献社会，保质保量地完成工作任务。

管理人员工作礼仪规范

GUANLI RENYUAN GONGZUO LIYI GUIFAN

第一条　为加强机关作风建设，提高机关工作人员整体素质和服务水平，为树立公交机关的良好形象，依照有关规定，结合总公司实际，制定本规范。

第二条　本规范适用于总公司、公司、部门机关等工作人员。

第三条　管理人员工作礼仪规范是指机关管理人员(辅助工作人员)在工作中应遵守的礼节准则和行为规范。

第四条　着装礼仪

着工装应整洁、得体。在特定场合，着装应遵守下列礼仪：办公室着装应整齐、庄重、大方。会议时着装应讲究。

注意事项：男士穿西装时，应佩带领带，穿长袖衬衣应将下摆塞在裤内，袖口不要松开或卷起。女士着裙装时，袜子口不能露在衣裙之外。

第五条　办公室接待礼仪

1.上班时间按照季节佩带胸卡(牌)或领带。

2.接待来访者应起身相迎，热情周到，面带微笑，举止得体。

3.妥善安排和处理事务，尽量不让客人久等。如需久等，可倒茶招待。

4.遇反映问题或找错部门的客人时，应热情将其引领至相应部门。

5.使用普通话及文明礼貌用语。

6.应耐心解答来访者提出的问题。对反映问题的乘客，给予满意的答复。对公司员工，要全力为其解决问题。

7.来访者离开时，应起身送至办公室门口，说送别语，待其转身离开后再回至办公室。

第六条　外事接待礼仪

1.引领礼仪。在走廊引领客户时，我们公司的员工应当走在走廊的左侧，让客人走在走廊的路中央。同时要遵守“引客在前，送客在后”的原则。即引领客人进入公司某部门的时候，我们要走在客人前方2至3步远的地方；送客人离开的时候，我们要走在客人后方2至3步远的地方，要与客人的步伐保持一致；引路时我们还要适当地做些介绍；当在楼梯间引路时，要让客人走在内侧，我们走在外侧；在拐弯或有楼梯台阶的地方应使用手势，并提醒客人“这边请”或“注意楼梯”等。

2.乘车礼仪。乘车时，我们应当遵守“右为上，左为下，后为上，前为下”的原则。所以，如果是专职司机开车，那么司机后排右侧的座位是留给最重要人员坐的。

第七条　介绍礼仪

1.原则：向年长者引见年轻者，向女士引见男士，向职位高的引见职位低的。

2.方式：为他人作介绍、被人介绍和自我介绍。 为他人作介绍，应简洁清楚，可简要介绍双方的职业、工作单位等情况，介绍时，应有礼貌地以手势示意；被他人介绍时，应注视对方，介绍完后，可握手或点头示意，并说“您好”、“幸会”等礼貌用语；作自我介绍时，应主动打招呼说“您好”，然后说自己的姓名、身份。也可一边伸手跟对方握手，一边作自我介绍。在整个介绍过程中，介绍者与被介绍者的态度应热情得体、举止大方、面带微笑。会议介绍时，被介绍者应起身示意。

第八条　握手礼仪

1.握手时机。双方互致问候时，若双方均为男士彼此应趋前握手。双方均为女士则随双方各自意愿。一方为男士、一方为女士时，男士应先等女士伸出手；若男士已伸出手来，女士应有所反应。

2.握手姿式。一般的握手，两个人手掌相握呈垂相状态，表示平等而自然的关系；如要表示谦虚或恭敬，可掌心向上同他人握手；为表示更加谦恭可双手去捧接。不可掌心向下握住对方的手。握手一般应用右手。

3.握手的顺序。在上下级之间，应上级先伸出手后，下级才能接握。在长幼之间，应长辈先伸出手后，晚辈才能接握。在男女之间，应女方先伸出手后，男方才能接握。

4.握手的力度。一般情况，相互间轻握即可。为表示友好，可热烈握手。

第九条 名片礼仪

1.递送名片时机。若有人介绍，应等介绍完对方和自己后，再递上名片；若没人介绍，应在向对方打招呼、简洁的自我介绍后，再递名片；如果是登门拜访，应先口头自我介绍，再递名片；向他人递送名片时，一般应说“请多指教”，同时身体微微前倾示意。

2.一般应双手呈上名片，名片的文字应正面朝向对方。

3.如果自己的姓名中有生僻的字，应将自己的名字读一遍。接受他人的名片时，应双手接过，并道谢。接过名片，应仔细看一遍，方可收藏。

第十条 称谓礼仪

1.称谓礼仪要求：得体、有礼、有序。

2.称谓应符合身份，工作场合一般以“同志”相称，也可以对方的职业、身份相称或以性别相称“某先生”、“某女士”，也可称其为“某老师”。

3.称谓应注意的事项：对年长者称呼要恭敬，不可直呼其名。对同辈人，可称呼其姓名，也可以去姓称名。对年轻人，可在其姓前加“小”相称，或直呼其姓名。称呼时要注意谦和、慈爱。

第十一条 交谈礼仪

1. 交谈礼仪要求：尊重对方、谦虚礼让、善解人意、因势利导。

2. 交谈时，双方目光交流应持同一水平，可适当运用手势以加强语气、强调内容，切忌用手指点对方。

3. 聆听别人谈话，应专心倾听，不要随意打断别人说话。

4. 应避免使用触犯他人的语言和自以为是的言论。

5. 交谈时应注意的事项：吐字清晰，快慢有度，声音适中。公共场合使用普通话。

第十二条　电话礼仪

1. 电话礼仪要求：礼貌谦恭、言简意赅。

2. 拨打电话礼仪。一般应在对方工作时间拨打，拨通电话应先问候“您好”，然后自我介绍和证实对方的身份；如果要找的人不在，可以请接电话者转告，并向对方道谢，问清对方的姓名。如果拨错电话，应向对方道歉。

3. 接听电话礼仪。听到电话铃声应及时接听，先说“您好！这儿是某某部门”；要注意面带微笑。因为对方会在你的声音里听出你的微笑。通话过程中，要仔细聆听对方的讲话，并及时作答。如果对方请你代传电话，应弄明白对方是谁，要找什么人，以便与接电话人联系。在记录留言时要记录清楚时间、地点、事件、联系人姓名以及联系办法等。传呼时，请告知对方“稍等片刻”，并及时找人。接到拨错的电话，应礼貌告知对方，对方若说“对不起”时，应回答“没关系，再见”。

4. 其他应注意事项：在办公室拨接电话，不可占线时间过长。通话结束时，应道声“再见”。

第十三条　会议礼仪

1. 参加会议着装应合乎礼仪规范。会议的主持人、报告人以及在主席台上就座者，应着 正装。

2.严格遵守集会时间、议程。发言时一般不要超过规定的时间。在会议指定位置就座，不要随意走动。

3.应专心听讲，做好记录。禁止有碍视听的不良举止和噪音。

4.不应让个人通信设备发出声响。不应闭目养神，不要吸烟。

5.不应传阅与会议无关的读物。不应议论与会议无关的问题。

6.会议入场、退场顺序。入场顺序：先内宾，后外宾；先群众，后领导。退场顺序：先外宾，后内宾；先领导，后群众。

第十四条　仪容礼仪

管理人员仪容应符合职业特点，稳重大方，不过分修饰。注意个人卫生，保持整洁美观。头发要经常梳理，保持清洁；染发颜色不能过于另类，指甲不能太长。

第十五条　内部交际礼仪

进行内部交际时，应当讲究团结，严于律己，宽以待人，并且善于协调各种不同性质的内部人际关系。

1.与上级的交往。(1)要服从上级领导，恪守本分；(2)要维护上级威信，体谅上级；(3)要对上级认真尊重，支持上级。

2.与下级的交往。(1)要善于“礼贤下士”，尊重下级的人格；(2)要善于体谅下级，重视双方的沟通；(3)要善于关心下级，支持下级的工作。

3.与平级的交往。(1)要相互团结，不允许制造分裂；(2)要相互配合，不允许彼此拆台；(3)要相互勉励，不允许讽刺挖苦。

第十六条　外部交际

在与上级主管部门、乘客、外单位工作人员沟通中，管理人员要与人为善，注意检点自己的举止行为，维护公交与个人形象。

第十七条　其他礼仪

1.各部门要各司其职，不得推诿来访者。

2.需要协调其他部门办理工作时，要提前约定，并遵守时间。

3.递交文件时，应正面、文字朝向对方。

4.上班见面要互相打招呼问好，在办公大楼等公共场所打招呼，可点头、微笑或招手示礼，不应大声呼名唤姓。在走廊里行走应放轻脚步，不应大声喧哗。遇到领导、同事要礼让，不应抢行。

5.要爱护公物，不得挪为私用。

6.借用他人或单位的东西，使用后应及时送还或物归原处。

7.未经同意不得随意翻看别人的文件、电脑信息、资料等。

8.凡是在贴有“禁止吸烟”等字样的地方，应自觉禁烟，遵守社会公德。

9.由于工作的疏忽或失误，给他人带来不便或打扰对方时，应及时道歉。

10.遵守保密规定，不该看的不看，不该问的不问，不该说的不说，不该记录的不记录。

第十八条　礼仪禁忌

忌随便发怒，忌玩笑过度，忌口无遮拦，忌不尊重他人。

服务规范

FUWU GUIFAN

一举一动展现公交人风采
守时高效尽显服务之规范

● 驾驶员

1.悬挂工号，仪表大方

悬挂服务工号，着标志服，衣着整洁，仪表大方。

2.车容整洁，车厢干净

车容、车貌保持整洁，卫生“一日一清洁，一趟一清扫”，做到“五净一亮”。

3.服从调度，均衡运行

按指定时间、路线、站点参加营运，做到均衡运行，不得甩站、越站。

4.始发站点，提前准备

始发站要做到三提前(提前进站、提前上客、提前服务)，备足票据。

5.运行途中，做到四稳

行车中，严格遵守操作规程，做到起步稳、行驶稳、转弯稳、停车稳。

6.疏导乘客，语言文明

疏导乘客时，要语言规范，语气温和，不得吆喝和推搡乘客。

7.中途抛锚，负责换乘

车辆在运行途中抛锚时，要及时向乘客做好解释工作，并疏导换乘其他车辆。K系列豪华车，还要按规定退还所投币款额。

8.监督投币，查验证件

严格执行票务制度，文明监督投币和查验月票卡及其他乘车凭证。

9.宣传报站，及时提醒

按规定使用电脑报站器，若中途电脑报站器出现故障，必须使用普通话宣传报站。

10.接待乘客，礼貌热情

礼貌待客，态度和蔼，使用文明用语和普通话服务，应“请”字开头、“谢”字收尾。

11.解答咨询，耐心主动

对待乘客询问要做到有问必答，回答问题要口齿清楚，表达意思准确。

● 现场调度员

1.执行计划，科学调度

树立为乘客服务的思想，认真执行公司营运计划，科学调度车辆，保证行车计划的全面完成。

2.严格考核，认真记录

仔细填写行车路单时刻表，严格考核，准点记录。

3.分析客流，掌握规律

及时了解本线路客流变化规律，提出合理的调度计划。

4.站风良好，秩序井然

保持良好的站风，维持好站房秩序，搞好站房卫生。同时，做好拾物登记保管工作。

● 修理工

1.爱岗敬业，热情服务

牢固树立为运行服务的思想，热情为驾驶员服务。

2.工作认真，完成任务

认真做好对车辆的维修与保养，使车辆保持良好的技术状况。

3.勤俭节约，修旧利废

坚持厉行节约的思想，对车辆零部件修旧利废，为建设节约型企业做贡献。

4.保证质量，减少返修

完成作业项目，保证修车质量，降低返修率。

5.保持清洁，场地干净

保持工作场地卫生清洁，做到工完场地净。

星级管理　星级服务

XINGJI GUANLI　XINGJI FUWU

星级线路标准（2011年版）

一星级线路

1. 达到总公司规定的乘客满意度标准。
2. 完成生产任务，出勤率达到96%以上（含96%）。
3. 服务、车辆卫生检查平均分分别达到94分以上（含94分），服务设施合格率达到100%。
4. 车辆日常维护和安全设施检查合格率分别达到96%以上（含96%）；安全操作合格率达到95%以上（含95%）。
5. 无车容、车貌不达标现象。
6. 无违反票务纪律现象。
7. 无责任交通事故（电车无线网责任事故）。
8. 无新闻媒体批评和重大服务事故。
9. 本线路驾驶员挂星率达到85%以上（含85%）。

二星级线路

1. 达到一星级标准。
2. 完成生产任务，出勤率达到97%以上（含97%）。
3. 服务、车辆卫生检查平均分分别达到95分以上（含95分）。
4. 车辆日常维护和安全设施检查合格率分别达到97%以上（含97%）；安全操作合格率达到96%以上（含96%）。
5. 无运行大间隔和站点留客现象。
6. 无冒黑烟和车辆抛锚现象。

7. 本线路驾驶员服务均使用普通话。

8. 本线路驾驶员挂星率达到86%以上（含86%），并有60%以上的二星级驾驶员。

三星级线路

1. 达到二星级标准。

2. 完成生产任务，出勤率达到98%以上（含98%）。

3. 服务、车辆卫生检查平均分分别达到96分以上（含96分）。

4. 车辆日常维护和安全设施检查合格率分别达到98%以上（含98%）。

5. 安全操作合格率达到97%以上（含97%）。

6. 无责任投诉。

7. 本线路驾驶员挂星率达到87%以上（含87%），三星级驾驶员达到35%以上，并有四星级驾驶员。

四星级线路

1. 达到三星级标准。

2. 服务、车辆卫生检查平均分分别达到97分以上（含97分）。

3. 车辆日常维护和安全设施检查合格率分别达到100%。

4. 安全操作合格率达到98%以上（含98%）。

5. 本线路驾驶员挂星率达到88%以上（含88%），四星级驾驶员达到10%以上，并有五星级驾驶员。

五星级线路

1. 达到四星级标准。

2. 服务、车辆卫生检查平均分分别达到98分以上（含98分）。

3. 无投诉现象。

4. 安全操作合格率达到100%。

5. 本线路驾驶员挂星率达到90%以上（含90%），并有5%以上的五星级驾驶员。

星级管理　星级服务

XINGJI GUANLI　XINGJI FUWU

星级驾驶员标准（2011年版）

一星级驾驶员

1. 完成当月工作量，出满勤。
2. 按规定悬挂工号，着标志服。
3. 目光迎客、规范服务。无服务纠纷、责任投诉和新闻媒体批评。
4. 使用普通话服务。
5. 无违法、违规驾驶行为，无责任交通事故。
6. 服务、车辆卫生、车辆日常维护和安全设施检查平均分数分别在90分以上（含90分）。
7. 车辆无中途抛锚和严重冒黑烟现象。

二星级驾驶员

1. 达到一星级标准。
2. 语言迎客、热情服务。
3. 服务、车辆卫生、车辆日常维护和安全设施检查平均分数分别在95分以上（含95分）。
4. 无责任无法判定投诉。

三星级驾驶员

1. 达到二星级标准。
2. 微笑迎客、温馨服务。

3. 服务、车辆卫生、车辆日常维护和安全设施检查平均分数分别在97分以上（含97分）。

4. 无投诉现象。

5. 油（电）耗不超定额。

四星级驾驶员

1. 达到三星级标准。

2. 服务、车辆卫生、车辆日常维护和安全设施检查平均分数分别在98分以上（含98分）。

3. 当月有表扬信（稿）件或新闻表扬。

4. 掌握业务知识，熟知企业文化，熟知本市公交线路走向及服务网点的换乘。

5. 能够使用简单的英语、手语会话服务。

五星级驾驶员

1. 达到四星级标准。

2. 服务检查平均分数达到100分，当月有新闻媒体表扬或突出先进事迹。

3. 车辆卫生、车辆日常维护和安全设施检查平均分数分别达99分以上（含99分）。

星级管理　星级服务

XINGJI GUANLI　XINGJI FUWU

星级修理工标准（2011年版）

一星级修理工

1. 按时完成生产任务，出满勤。

2. 按规定着工作服，佩戴工号。

3. 礼貌待客、微笑服务，无服务纠纷、责任投诉。

4. 无违法、违章现象，无责任生产事故，无责任工伤事故。

5. 无漏项，无抛锚，无车辆行驶冒黑烟现象，质量检查不合格项不超两项，责任回修率不超过2%。

6. 无浪费材料现象。

7. 现场管理检查分数为96分以上（含96分）,安全设施检查平均分数分别在93分以上（含93分）。

8. 一日一检车辆日检查覆盖率100%。

二星级修理工

1. 达到一星级标准。

2. 质量检查不合格项不超一项，责任回修率不超过1%。

3. 现场管理检查分数为97分以上（含97分）,安全设施检查平均分数分别在95分以上（含95分）。

三星级修理工

1. 达到二星级标准。

2. 质量检查无不合格项，无责任回修。

3. 现场管理检查分数为98分以上（含98分），安全设施检查平均分数分别在97分以上（含97分）。

四星级修理工

1. 达到三星级标准。

2. 掌握业务知识，熟知企业文化。

3. 现场管理检查分数为100分,安全设施检查平均分数分别在99分以上（含99分）。

五星级修理工

1. 达到四星级标准。

2. 有表扬稿件或突出事迹。

3. 安全设施检查平均分数分别达100分。

星级管理 星级服务

XINGJI GUANLI XINGJI FUWU

星级站务员标准（2011年版）

一星级站务员

1. 按规定悬挂工号，着标志服。

2. 使用普通话，规范服务，做到目光迎客；无服务纠纷，责任投诉和新闻媒体批评。

3. 服从调度命令，无违章、违纪现象；无站台安全生产责任事故。

4. 认真、规范填写交接班记录，无漏填、漏项现象。

5. 规定时间车辆进站屏蔽门前有人服务,无漏接车辆现象。

6. 服务、卫生、安全设施检查平均分数分别在95分以上（含95分）。无站台卷帘门未锁、设备未关闭现象。

7. 当月出全勤（丧假除外）。

二星级站务员

1. 达到一星级标准。

2. 认真监督投币、检查易燃易爆物品，按规定查验各类乘车卡、证，无跑票、漏票现象。

3. 规范使用语音系统，及时播放宣传用语，语言迎客、热情服务。

4. 服务、卫生、安全设施检查平均分数分别达到97分以上（含97分）。

5. 掌握站台设备操作要领，准确、及时上报站台设备一般故障。

6. 无投诉现象。

三星级站务员

1. 达到二星级标准。
2. 遇乘客需要帮助时，微笑迎客，温馨服务。
3. 服务、卫生、安全设施检查平均分数分别达到98分以上（含98分）。
4. 按规定采集站台数据、规范投放钱袋交接单。
5. 站台水电消耗不超定额。

四星级站务员

1. 达到三星级标准。
2. 服务、卫生、安全设施检查分数分别达到100分。
3. 当月参加高星级组织的活动并有乘客表扬信（稿）件或新闻表扬。
4. 掌握业务知识，熟知企业文化，熟知本市公交线路走向及服务网点的换乘。
5. 能够使用简单的英语、手语会话服务。

五星级站务员

1. 达到四星级标准。
2. 当月有新闻媒体表扬或突出先进事迹。
3. 每月至少有一篇快速公交报的投稿。

第五部分
道德修养

DAODE XIUYANG

企业

QIYE

一流的企业文化成就一流的企业，
一流的企业成就一流的员工。

优秀的企业，自然有一股内在的力量，把全体员工的力量凝聚起来，拧成一条绳。让全体员工心往一处想，劲往一处使，拧成一股绳，齐心协力完成既定目标。这股力量，往往不是严格的制度，不是丰厚的奖励，而是特色的企业文化。

如果说企业是一部机器，每一个员工都是机器上的零部件，那么企业文化就是协调机器运转的润滑剂。在这部机器中，每一个零件都很重要，缺少任何一个零件，机器都可能产生故障甚至停止运转。只有全体员工齐心协力、步调一致、共同努力，才能推动企业稳步健康发展，才能使企业拥有旺盛的生命力。而同样，只有在朝气蓬勃、和谐温馨的企业里，员工才能取得卓越的成绩，才能实现自己的人生价值。

团队

TUANDUI

锁链的每一个环节都非常重要，环节越多，链条就越长，扣得越紧，锁链就越有力量。

一个人可以创造奇迹，而一个团队却能够改变历史。

一个优秀的团队重视相互协作。互不干涉的简单合作不是真正的协作，而只是一种循规蹈矩、格式化的重复性劳动。只有彼此深入了解，明确个人在团队中的位置，根据时代和企业的发展，及时调整心态，与企业的其他员工互补互助，积极发挥出各自的作用，才能实现企业与个人的双赢和共同发展。

一个优秀的团队重视求同存异。“君子和而不同，小人同而不和。”在企业中，一味追求步调一致，往往让团队成员失去了创造力，失去了放手去做的勇气；而一味追求个性，则会让团队结构松散，团队成员离心。作为一个优秀的团队要能够协调各方面意见，从而达到和谐统一。

一个优秀的团队应当是开放的、规范的、强有力的，应该拥有和其他的团队合作的能力，而不会因任何成员的离开而崩溃。哲学家威廉 · 詹姆士曾经说过：“如果你能够使别人乐意和你合作，不论做任何事情，你都可以无往不利。”

诚信

CHENGXIN

诚信是做人之本，立业之基。

诚信是做人之本。子曰：“人而无信，不可知其也。”孔子认为，人若不讲信用，在社会上就无立足之地，什么事情也做不成。诚信是齐家之道，夫妻、父子和兄弟之间只有以诚相待，诚实守信，才能和睦相处，达到“家和万事兴”的目的。诚信是交友之基，只有做到“与朋友交，言而有信”，才能达到“朋友信之”、推心置腹、无私帮助的目的。

诚信是立业之基。诚信是企业收获社会赞誉的基石，一个企业如果能认真践行社会承诺，积极承担社会责任，履行公益职能，必定会得到社会民众的认可，提高企业社会美誉度；诚信是企业和谐稳定的保证，职工如果能诚实履职，遵章守纪，做好本职工作，同事之间能以诚相待、互帮互助，那么企业就会实现社会效益与经济效益的双丰收。

感恩
GANEN

人生在世，如幼苗初长，受泥土滋养，接雨露润泽，承阳光普照，享轻风抚慰，而后方成参天大树，报泥土以落叶，还雨露以云雾，送阳光以新绿，为轻风做助力，是为感恩。

感恩父母，感谢他们给予我们血肉之躯；感恩朋友，感谢他们在我们困难之时向我们伸出温暖之手；感恩社会，感谢社会给予我们生存的环境；感恩企业，感谢企业为我们实现人生理想提供平台、铺就道路；感恩工作，心怀虔诚之心，以止水静心感受来自工作那份充实的乐趣，那种美妙的成就感，会让你备感欣慰。

也许不是每一份工作、每一个环境都那么十全十美，也许不是所有生命旅途都那么一帆风顺，但每一份工作都是值得我们珍惜的财富，每一个生命旅途都是值得我们用感恩的心去耕耘和经营的人生。每一个人的成就，都不是独立得来的，在我们享受成功的喜悦时，在我们品味登顶的成就时，要不忘我们曾经受到多少人的帮助，不忘身边曾经帮助自己的人，更不忘回馈企业和社会。

立志

LIZHI

有志者，事竟成，破釜沉舟，百二秦关终属楚 。苦心人，天不负，卧薪尝胆，三千越甲可吞吴。

容大事方能立大志，立大志方能成大事。人不可无志，缺少了志向的精神支撑，就缺少了追求目标的动力。志向当开阔远大，立志应当百折不挠。拥有明确的志向，才有乘风破浪的动力；有始终如一的恒心，才有应对自如的智慧。正如郑板桥所言：“咬定青山不放松，立根原在破岩中。千磨万击还坚劲，任尔东南西北风。”人生的真正价值在孜孜不倦的追求中实现，拥有信念就是抓住了成功的绳索。

目标是努力的方向，是前进的动力，是激发潜能的助燃剂。人生在世可能有许多的不如意，也有许多无法实现的理想。得失成败，都是一种体验和积累。困难并不可怕，天地交困谓之“否”，“否”到极点，天地反而开阔了，就成了“泰”，不被一时的困难打倒，相信“否极泰来”，坚持走下去，就会迎来成功。

做人

ZUOREN

了解内心真正的目标，才知道需要什么。了解身上潜藏的缺点，才知道应该改变什么。了解自己，然后学会做人。

做人要讲诚信，孔子将诚信作为仁德的一项行为标准，提出：“言必信，行必果。”君子耻其言而过其行，矜而不争，群而不党；小人言辞华丽，精明浅薄，口是心非，言行不一，为人不齿。

做人要守“礼”，“礼”是规则，也是礼仪。规则是用来约束人们行为的一种准则，是人所共识的一种行为认同，是社会本身的秩序。人生活在社会之中，在彰显个性的同时，也要维护整个社会的稳定与平衡。不遵守规则的人，或许能够吸引别人的眼球，却往往损害了别人的利益，难以得到别人的认同。子曰：“礼之用，和为贵。先王之道，斯为美。小大由之，有所不行。知和而和，不以礼节之，亦不可行也。”提出了谦恭礼让，尊师敬贤，严于律己，宽以待人，团结友爱，助人为乐的处世方法。日常生活讲究礼仪礼节；与人交往注重礼尚往来；兄弟姐妹善于崇尚操守；出门在外注意入乡随俗。对人有礼貌，做事讲礼仪，把风采魅力传递给他人，把温文尔雅留给自己。

拼搏

PINBO

如石子一粒，仰高山之巍峨而不妄自菲薄；
如小草一棵，蒙万物之伟岸而不自惭形秽。

《周易》有云：“天行健，君子以自强不息。” 天道运行周而复始，永无止息，谁也不能阻挡，君子应效法天道，自立自强，不停地奋斗下去。人生在世，应该有坚强的意志，永不止息的奋斗精神，不因任何逆境而止步，不被任何困难阻拦，不因任何一个目标的达成而沾沾自喜，前方的路永无尽头，爬到了一座山的顶峰，只是下一次攀登的开始。

拼搏，就是要不断开拓，不断摸索，不断前进。当你发现前方没有路时，或许你并非走错了，而是走在了所有人的前面。鲁迅先生说过：“希望是无所谓有，无所谓无的。这正如地上的路，其实地上本没有路，走的人多了，也便成了路。”希望是人自己闯出来的，路是人自己走出来的，不要惧怕困难和挫折，坚定意志，勇往直前，就会走出一条通天大道。

子曰：“君子固穷，小人穷斯滥矣。”困难并不可怕，真正可怕的是不敢面对困难、正视困难。任何事物都是辩证的，没有绝对的困境，也没有绝对的胜利，受挫自省，不怨天尤人。真正的困难是思想意识的转变，只有在困境中做到失落而不失意，直面困难，勇往直前，才能到达成功的彼岸。

责任

ZEREN

“每一个人都应该有这样的信心：人所能负的责任，我必能负；人所不能负的责任，我亦能负。如此，你才能磨炼自己，求得更高的知识而进入更高的境界。”——林肯

英国文艺复兴时期著名戏剧家莎士比亚曾说过，“上天生下我们，是要把我们当火炬，不是照亮自己，而是普照世界”。能够负责是人类最重要的品质。作为企业的员工，不要总问你的企业能为你做什么，要问你能为你的企业做什么，要问我们对企业的责任是什么。责任是一种义务，更是一种动力。我们必须承担一些责任，对于许多自由选择而言，其实别无选择。我们要做的是要勇于承担起肩头的这份责任。勇于承担责任，是一名合格员工所应有的素质。生活赋予每个人一种深沉的“沉重感”。只有敢于担当的人，才能得到企业的信任，才能被赋予更多的责任，也才能获得更多实现自身价值的机会。

态度决定成败。责任是一面镜子，真实反映了自己的行为与品格。在团队中，大家拥有共同的奋斗目标，企业的兴衰荣辱关系到每个员工的切身利益。一个有责任心的员工，在完成自己份内工作的同时还会主动关心企业的发展，主动关心在工作和生活中遇到困难的同事。从而带动整个团队蒸蒸日上，这样的人，将会得到团队的重用，得到更多的机会。

忠诚

ZHONGCHENG

忠诚你的所爱，你会得到忠诚的爱。

忠诚是一种美德，是一种高尚的情操。它源自于归属感、自豪感与使命感，升华为内心最纯洁、最神圣的力量，最终成为无与伦比的凝聚力，把不同的人聚集在同一种神圣的事业上。

忠诚是一种职业操守，是一种责任，一种义务，也是一种做人的品格，是对自己所坚守的信念的重视与虔诚。莎士比亚说过："忠诚你的所爱，你会得到忠诚的爱。"忠诚是事业成功的起点，忠诚敬业、诚以待人，努力就会成功。国家的昌盛源于人民的忠诚，战争的胜利源于战士的忠诚，企业的蓬勃发展，源于员工的忠诚。

职场之中的每个人，都应该把"忠诚"作为一种职业生存方式。拥有员工的忠诚，企业才能永远屹立不倒；永远忠诚于企业，才能得到企业更多的信任。拥有忠诚而有能力的员工，公司才能稳定发展；员工只有依赖公司的发展平台才能获得物质报酬和精神需求。因此，对于公司而言，生存和发展需要员工的敬业与忠诚；对于员工来说，付出忠诚，就会得到应有的回报。

时间

SHIJIAN

时间给每个人的机会都是均等的，人生的价值决定于在有限的时间里，做多少有意义的事情。

时间是无限的，但人生却是短暂的。人从出生之日起，就在不停地和时间赛跑。时间慢慢流逝着，不因我们虚度光阴而停步，也不因我们的苦苦哀求而心软，它总是冷酷地前进着，一步一步，想要将我们甩在身后。

天地有万古，此身不再得；人生只百年，今日最易过。最容易被忽略的，总是今天，总是此刻。我们要做到的是珍惜，不让自己虚度光阴，不让自己在回头反思时，心中充满悔恨。不要总是以时间不够为理由，鲁迅先生说过："时间就像海绵中的水，只要肯挤，总是有的。"节约每一分每一秒，才能在与时间的赛跑中，永不落后。

勤俭
QINJIAN

“历览前贤国与家，成由勤俭败由奢。”勤俭是中华民族的传统美德，是时代倡导的精神风尚，是应当一生践行的良好习惯。

老子曰：“我有三宝，持而保之，一曰慈，二曰俭，三曰不敢为天下先。”老子把节俭当作自己人生的准则，持守不渝。今天，节俭被赋予了更深层次的意义。对个人而言，节俭是一种美德，是现代社会所提倡的精神风尚，是应当一生践行的良好习惯；对企业而言，节俭等于增收，降耗就是赢利，它是一种成功的资本，是企业竞争力的体现；对社会而言，节俭是一种负责的态度，是一份沉重的责任。

胡锦涛总书记提出的“社会主义荣誉观”与毛泽东同志的“两个务必”，都一脉相承地继承了节俭这种必须的品质。国家也正在大力倡导建设节俭型社会、节俭型政府、节俭型企业。

为打造节约型企业，济南公交实行了“节能降耗、打造绿色公交”活动，以“节约环保、人人有责、和谐发展、人人受益”为主题，在公司内部形成了“节约环保光荣、浪费污染可耻”的良好风尚。通过各种措施，加强成本控制，实行“阳光采购”制度，降低采购成本；加强人事和劳工管理；加强水电费、办公费的控制，教育广大员工从节约一滴水、一张纸、一度电、一滴油开始，强化员工的增收节支意识。

第六部分
视觉识别系统

SHIJUE SHIBIE XITONG

视觉识别系统

SHIJUE SHIBIE XITONG

企业标志说明

1.标志以“济南”的首字母“J”和“公交”的首字母“G”为创意元素，由椭圆形结构演变而成，象征着济南公交长盛不衰。

2.标志中的两条弧形线组合，由近到远，寓意济南公交立足现在，面向未来，勇创一流，服务社会。

3.标志像两个重叠的6，表示和顺，预示着济南公交和谐发展，顺畅前进。

4.标志整体采用蓝色，代表科技、深远，寓意济南公交以科技为本，追求卓越，蓬勃发展。

企业标志组合

标志方格坐标图

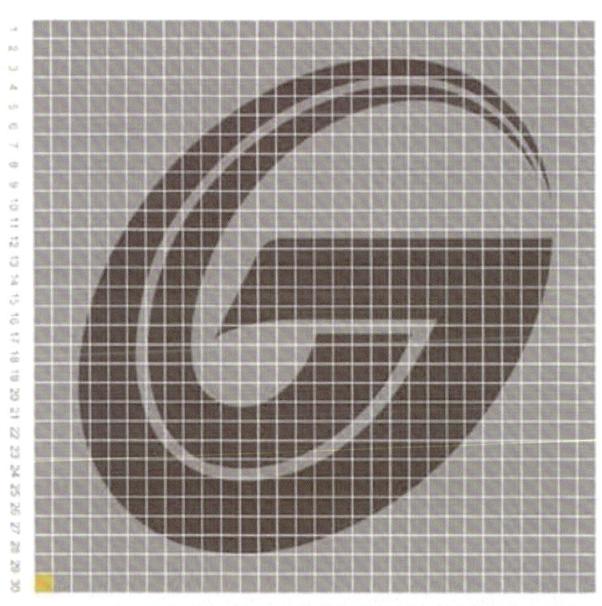

中英文标准字方格坐标图

视觉识别系统

SHIJUE SHIBIE XITONG

企业标准色

标志色

C100 M45 Y0 K0

C0 M0 Y0 K100

企业色

C0 M0 Y0 K40

C0 M25 Y100 K0

C0 M100 Y100 K0

C100 M20 Y50 K10

C100 M90 Y0 K10

辅助色

C0 M0 Y0 K100

C0 M0 Y0 K80

C0 M0 Y0 K60

C0 M0 Y0 K40

企业名片

名片是企业员工对外交流的重要工具，统一名片制式是体现企业团结的有效方式。

规格：90mm × 55mm
纸张：250g 超白滑面
工艺：普通印刷

颜色：
- 灰色：C0 M0 Y0 K15
- 蓝色：C100 M90 Y0 K10
- 黑色：C0 M0 Y0 K100

视觉识别系统

SHIJUE SHIBIE XITONG

● 胸牌

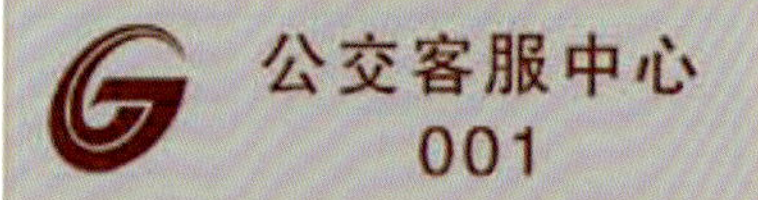

GJJC0001

● 工号

● 肩章

● 臂章

● 企业旗帜

济南公交
JINAN PUBLIC TRAFFIC
济南市公共交通总公司
JINANCITY PUBLIC TRAFFIC COMPANY
济南市公共交通总公司
JINANCITY PUBLIC TRAFFIC COMPANY
济南公交
济南公交
济南公交
济南公交
JINAN PUBLIC TRAFFIC
济南公交
JINAN PUBLIC TRAFFIC
济南公交
JINAN PUBLIC TRAFFIC

视觉识别系统

SHIJUE SHIBIE XITONG

● 信封、信纸

● 杯子

● 管理人员春、夏季工装

● 驾驶员春、夏季工装

● 稽查队员春、夏季工装

● 热线、月票发售人员工装

● 恒通出租车驾驶员春、夏季工装

● 安保人员春、夏季工装

● 保洁员春、夏季工装

● 修理工春、夏季工装

● 物资人员春、夏季工装

● 业余文工团演出服装

视觉识别系统
SHIJUE SHIBIE XITONG

车辆门徽

车辆门徽应用

站房

场站效果图

第七部分
济南公交品牌文化体系

JINAN GONGJIAO PINPAI WENHUA TIXI

品牌是文化的载体，文化是品牌的灵魂，
是凝结在品牌上的企业精华。

品牌文化内涵

品牌文化（Brand Culture）是指通过赋予品牌深刻而丰富的文化内涵，建立鲜明的品牌定位，充分利用各种强有效的内外传播途径，形成消费者对品牌在精神上的高度认同，创造品牌信仰，最终形成强烈的品牌忠诚。品牌文化的核心是文化内涵，蕴涵着深刻的价值内涵和情感内涵，即品牌所凝炼的价值观念、生活态度、审美情趣、个性修养、情感诉求等精神象征。品牌文化的塑造通过创造产品的物质效用与品牌精神高度统一的完美境界，能超越时空的限制带给消费者更多的高层次的满足、心灵的慰籍和精神的寄托，在消费者心灵深处形成潜在的文化认同和情感眷恋。品牌文化对品牌的经营管理具有巨大的带动作用，有利于各种资源要素的优化组合，提高品牌的管理效能，增强品牌的竞争力，使品牌充满生机与活力。

济南公交品牌文化体系

2008 年3 月9 日，胡锦涛总书记在接见十一届全国人大一次会议山东代表团时，对来自济南公交的代表吴倩说：“济南公交是一个品牌，你们要珍惜荣誉啊!”胡总书记的勉励，对济南公交品牌建设提出了新的希望和要求。近年来，济南公交大力实施品牌带动战略，丰富“济南公交”品牌文化内涵，加强对“微笑服务”、“情绪管理”、“公交论语”等内容的探索与实践，逐步形成以企业“微笑服务”品牌为核心、其他品牌为补充的济南公交文化品牌体系。

“星级管理，星级服务”品牌

XINGJI GUANLI XINGJI FUWU PINPAI

公交驾乘人员的服务质量直接决定着公交窗口的服务水平。为提高驾乘人员的服务质量，2004年，济南公交在全国同行业率先推行了“星级管理、星级服务”制度，改“以罚为主”为“以奖为主”，并每年对星级服务管理标准进行升级，建立了以规范服务和安全运营等关键指标为主要内容的服务质量考评体系。该考评体系每个月对所有公交驾驶员、公交线路、站务员、修理工等分别实行五个等级的星级评定，驾驶员收入直接与服务星级和所在线路所获星级挂钩，不合格的驾驶员不晋星，使自我加压、自我约束、自我提升成为全体职工的自觉行为，职工的服务意识、服务水平明显提升，济南公交的整体服务质量显著提高。2011年，济南公交一线驾驶员挂星率达到87.72%，有165条线路达到星级线路标准，车厢服务合格率达到97.10%，平均乘客满意度达到93.77%。2009年，济南公交“公交企业提升服务水平的星级管理”被评为第十六届国家级企业管理现代化创新成果二等奖。

“微笑服务”品牌

WEIXIAO FUWU PINPAI

2009年3月30日，济南公交党委书记、总经理薛兴海代表全省窗口行业在全省“迎全运”动员大会上，提出积极创建济南公交“微笑服务”品牌，号召全体职工争做文明秩序的维护者、文明行为的示范者、文明礼仪的践行者、文明风尚的传播者。从此，一场领导高度重视、部门密切配合、职工广泛参与的“微笑服务迎全运、文明行车铸品牌”活动，以前所未有的迅猛之势在公司上下如火如荼地展开。2009年以来，济南公交把“微笑服务”作为提高服务质量，展示济南公交和济南城市形象的突破口，以迎办第十一届全运会为契机，开展了“微笑服务迎全运、文明行车铸品牌”、“温馨公交系乘客、微笑服务铸品牌”、“微笑服务‘四个一’”等活动，将微笑服务纳入驾驶员星级考核标准，实现微笑服务制度化、标准化、常态化。活动开展以来，济南公交员工队伍整体素质不断提高，公交服务质量和服务水平不断提升，营造了文明和谐的公交车厢环境，绘就了一道道流动的泉城文明风景线。截止到2011年年底，驾驶员挂星率平均达到87.72%，四星级以上驾驶员累计1307人次；服务合格率达到97.10%，平均乘客满意度达到93.77%。2010年9月，“第七届中国公民道德论坛”在济南举行，济南公交代表全市窗口行业进行微笑服务展示，受到与会领导和来宾的高度赞扬。

“公交论语”品牌

GONGJIAO LUNYU PINPAI

济南公交把加强企业文化建设作为凝聚职工心力、提高服务管理水平、推动公交事业又好又快发展的强有力保障。尤其是2006年以来加快推进了优秀中国传统文化与企业文化建设的融合，把国学经典《论语》纳入企业文化建设之中，推出了济南“公交论语”，进一步丰富公交企业文化内涵，为实现企业的健康、持续发展提供了强大动力。

济南“公交论语”是济南公交在发展和企业文化建设过程中，在结合行业特点的基础上，把传统文化与自身企业文化相结合产生的一系列文化形式和结果的总称，是一种新型的公交企业文化。其内容包括济南公交编辑出版的《公交论语》、《公交车厢论语》两书和“论语进车厢、进站房、进车间、进社区、进家庭”等活动，还包括各项活动开展过程中在社会、企业内部对人们的心理、思维、修养及行为习惯等方面产生的一系列影响、作用及可能产生的品牌效应等。

济南“公交论语”是弘扬中国传统文化、提升城市文明形象的客观要求，是建设优秀企业文化、加强企业管理的内在要求，具有立足行业特性、注重品性修养、理论联系实际等特征。济南公交通过新闻媒体向社会广泛征集了与公交密切相关的《论语》名句，成立了专门机构组织，在中华孔子基金会专家和上级部门的指导下，编辑出版了《公交论语》和《公交车厢论语》。此外，济南公交还将“公交论语”渗透于职工教育培训工作中，使职工在学习中受教育、得体会、促行动。同时结合行业特点，开展“《论语》进车厢、进站房、进车间”活动，将

2009年9月21日，中央文明办专职副主任王世明来济南公交考察企业文化建设工作时，为济南《公交论语》欣然题字：“济南公交论语好！”

2009 年3 月，十一届全国人大外事委员会主任委员、外交部原部长李肇星在全国“两会”期间，对济南《公交论语》给予高度评价，并欣然题词：“祖国永恒、人民至上”。

《公交车厢论语》中的名言警句制作成精美的展板、宣传画，悬挂于全市4000多辆公交车车厢、公交候车亭、公交站房等，着力打造特色公交车厢文化,使公交车厢成为传文明、提素质、促和谐的文明窗口。

济南“公交论语”推出以来，社会各界反馈良好，得到了广大乘客和公交员工的一致好评。济南“公交论语”的实施，提高了公交服务管理水平，提高了广大乘客和公交职工的道德素质，为构建文明和谐的驾乘关系、提升城市整体形象作出了积极贡献。2009年4月8日，济南公交“公交论语”被济南市职工思想政治工作研究会和济南市企业文化建设协会联合授予“济南市优秀企业文化品牌”荣誉称号。2009年9月21日，中央文明办专职副主任王世明来济南公交考察企业文化建设工作时，为济南《公交论语》欣然题字：“济南公交论语好！”2009 年3 月，十一届全国人大外事委员会主任委员、外交部原部长李肇星在全国“两会”期间，对济南《公交论语》给予高度评价，并欣然题词：“祖国永恒、人民至上”。

“情绪管理”品牌

QINGXU GUANLI PINPAI

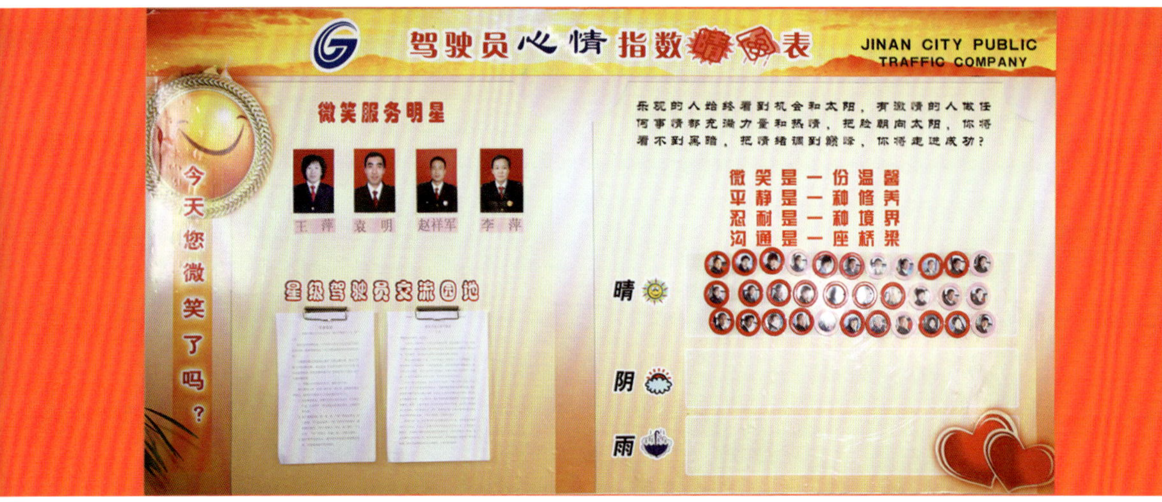

为进一步强化企业内部管理、创新服务能力建设，2008年以来，济南公交在二公司试点（后扩展至全公司）推行了以人文关怀为基础的员工情绪管理，用情绪管理提升公交服务的安全与效率，建立企业与员工的“精神契约”，有效地提高了管理水平和服务水平。2011年，在全国企业管理创新大会上，济南公交“以人文关怀为基础的员工情绪管理”荣获了国家级企业管理现代化创新成果二等奖。这是济南公交第二次获得该奖，也是公交行业内唯一一家连续两次获得国家级管理创新成果奖的企业。

城市公共交通是一种公共服务型产品，具有点多面广、分散经营、管理繁杂等特点，从提供服务、收取费用到结束客运服务的整个过程，大部分是由一线驾驶员独立完成的。驾驶员的行为直接决定了公交服务的实现，而且决定了公交服

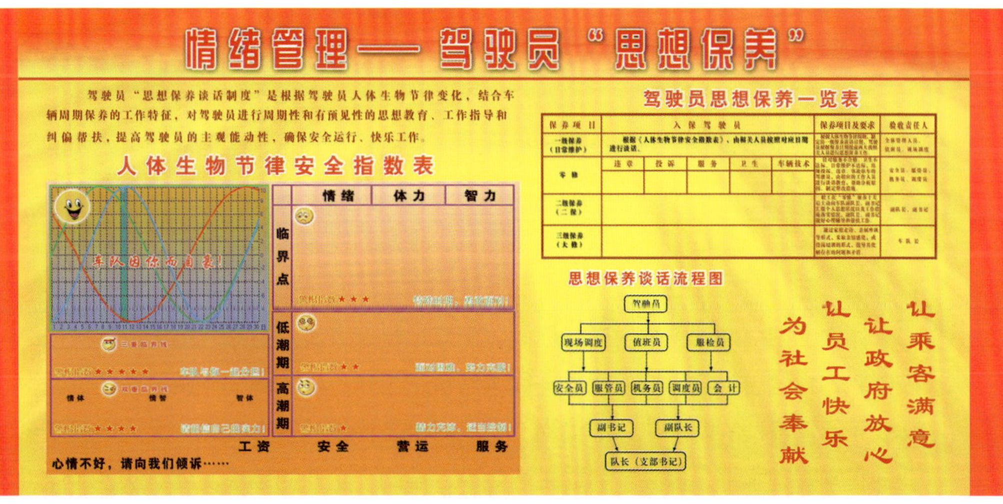

务的质量、效果和效率，驾驶员的情绪也在很大程度上影响着乘客及旁人。通过增强对驾驶员情绪的梳理与调控，培养对企业创新和发展有力的正面情绪，适时排解和消除负面情绪，可以更好地提升窗口行业的服务质量。

济南公交推行了驾驶员心情指数“晴雨表”、“BRT驿站”、“职工情绪调节室”、“居家式站房”等有效的情绪管理方法，通过情绪管理牢牢把握职工思想情绪的变化，认真做好驾驶员的心理疏导工作，有效保障了畅通、安全、高效的公共交通营运秩序。通过推行情绪管理，驾驶员开始逐渐理解管理者，在遇到问题时能够主动寻求与管理者沟通、交流，在遇到困难时能够主动找到管理者寻求帮助，从而实现了自我管理、自我约束和自我规范，服务质量进一步提高。

“定点发车、准时到站”精细化调度管理品牌

DINGDIAN FACHE ZHUNSHI DAOZHAN JINGXIHUA DIAODU GUANLI PINPAI

“定点发车、准时到站”是一种精细化调度管理方式，是指在一条线路的每个站牌上，公布全年度该线路的公交车到达该站牌的准确时间，使候车乘客提前知晓公交车辆的到达时间，最大限度地减少乘客的候车时间，便于其合理安排出行。

作为国内首推的乘车模式，济南公交立足科技进步、不断开拓进取、积极突破创新，将信息化与科技化引入一线运营管理工作，探索精细化调度管理机制，实现了运营管理的智能化、准确性，彻底打破了传统的管理模式，大大增强了企业的科学管理水平，提高了劳动生产效率，推动了企业的较快发展。从2011年9月1日起，济南公交在11条郊区线路上全面推行“定点发车、准时到站”的基础上，又在公司303、303支、305、307、309、310、313、315、316、319、322、323、325、809、811、880、881、882、887、888路20条郊区线路及35、89、89支、130路4条市内有条件的公交线路全面推行“定点发车、准时到站”。经过半年多试运行，济南公交共有24条线路实现了“定点发车、准时到站”，极大地方便了市民出行。济南公交“公交企业基于‘定点发车、准时到站’的精细化管理”项目获得了济南市企业管理现代化创新成果一等奖。

实施“定点发车、准时到站”精细化调度管理是落实国家城市公交优先发展战略的需要。《关于优先发展城市公共交通的意见》（国办发〔2005〕46号）明确指出，城市公共交通企业要充分利用现代信息技术，改造传统的公共交通系

统，加强对运营车辆的指挥调度，提高运营质量和效率，为群众提供安全可靠、方便周到、经济舒适的公共交通服务。“定点发车、准时到站”精细化调度管理正是济南公交贯彻落实国家“公交优先”发展战略的积极实践和重要举措，将有效解决城市交通拥堵问题和广大人民群众“出行难”问题。

实施“定点发车、准时到站”精细化调度管理是实现城市公交企业调度管理模式转型的需要。随着经济社会的跨越发展和科学技术的飞速进步，中国步入了信息化时代，公交行业传统的调度管理模式已越来越不能适应经济社会的发展，公交信息化建设、精细化调度管理成为大势所趋。济南公交顺应时代潮流，与时俱进、开拓创新，利用现代高新信息技术，结合智能公交调度系统的推广与实施，实现了对车辆的实时监控和优化调度，应用了“定点发车、准时到站”精细化调度管理方式，有利于城市公交企业调度管理由传统模式向现代模式的转变。

实施“定点发车、准时到站”精细化调度管理是探索城市郊区公交线路优质服务的需要。随着城市郊区经济的发展，郊区居民的公交出行需求迅速增长。从总体来看，郊区公交线路呈现居民出行量小、出行距离较远、客流规律相对单一（早晚客流集中、平峰时段客流较小、工作日客流明显小于节假日客流等）的特征。因此，郊区公交线路一般都具有车站间距离远、运营里程长、发车间隔大等特点。在居民不掌握运行时间的情况下，往往造成乘客候车时间较长、公交线路乘客满意度不高、乘客流失等诸多问题，严重制约着郊区公交客运市场的发展。实施“定点发车、准时到站”精细化调度管理，有利于乘客根据时间安排行程，有效缩短候车时间，提高郊区公交服务水平，提高乘客满意度。

济南公交恒通“雷锋车队”品牌

JINAN GONGJIAO HENGTONG LEIFENG CHEDUI PINPAI

“雷锋车队”隶属济南公交恒通出租公司，成立于2000年3月4日，属全国首创，2007年被济南市文明委正式命名为“雷锋车队”。自车队成立以来，车队队员热情服务乘客、无私奉献社会，赢得了各级领导和社会各界的广泛赞誉。2005年“雷锋车队”获“山东省青年文明号”殊荣，并被济南市文明委授予济南市精神文明建设“优秀服务品牌”荣誉称号。2011年1月19日，在全市客运出租汽车行业“讲文明、树品牌、优质服务达标年”活动总结表彰大会上，“雷锋车队”获“品牌车队”荣誉称号。

“雷锋车队”注重提高服务质量。车队按照《出租车驾驶员星级标准》、《星级驾驶员管理实施细则》以及《星级考评及奖励措施》要求，严格落实“星级管理、星级服务”制度，同时结合公司开展的“温馨在恒通、微笑伴您行”主题活动，建立健全微笑服务长效机制，定期开展微笑服务现场模拟示范培训，提高队员微笑服务意识，提升服务水平。车队所有车辆都配置了体现亲情化服务的车载语音器，做到乘客上车有迎声、下车有谢声，烘托出宾至如归的氛围。车队认真落实“ 口二检”制度，确保营运车辆达到“四净二亮一无”标准，车厢卫生合格率在98%以上。车队在打造优质服务品牌的同时，涌现出一大批无私奉献、助人为乐的明星驾驶员，他们在向乘客提供“安全、方便、舒适、快捷、经济”的乘车服务的同时，积极参加社会公益活动：他们承诺为劳模、现役军人、考生提供免费乘车服务；他们帮助孤寡老人，扶危济困，为贫困家庭送去温暖；他们慷慨解囊，资助失学儿童。“雷锋车队”先后涌现出甘于奉献、服务社会的好“的哥”李震，爱岗敬业、默默无闻的好“的哥”郭泗镇，助人为乐、救助儿童的好“的哥”王和龙、刘元国等。2007年，“雷锋车队”队员被授予“学雷锋积极分子”荣誉称号；车队队长郭泗镇被评为2008年度“十佳的哥”；2009年，“雷锋车队”队员全部荣获“的士之星”称号；车队队长郭泗镇、副队长王和龙、队员张成琨被济南市民评选为2009年度“十佳金拇指出租司机”；2010年，郭泗镇在服务全运会的过程中表现突出，获得“济南市劳动模范”荣誉称号，是济南市出租车驾驶员中第一个市级劳动模范。

第八部分

济南公交企业文化体系

JINAN GONGJIAO QIYE WENHUA TIXI

企业文化体系是指在企业文化建设过程中，对企业各层面构成要素及相互关系系统化、规范化管理的文化层面提炼。济南公交在积累、总结现有企业文化建设成果的同时，细化文化功能分类，根据不同类别文化的功能与特点，逐步建立以品牌文化为核心，以制度文化、管理文化、安全文化、服务文化、车厢文化、站房文化、节能文化、场站文化、诚信文化、廉政文化为重点，内容丰富、形式多样、富有特色、系统完备的济南公交企业文化体系。

制度文化

ZHIDU WENHUA

成功的企业来自卓越的管理，而卓越的管理源于科学的制度。企业制度文化建设是企业可持续发展的重要保障。

企业文化的制度层又叫企业的制度文化。制度文化是指企业为实现目标而对员工的行为给予一定约束的文化，它具有共性和强有力的行为规范要求。企业制度文化的规范性是一种来自员工自身以外的、带有强制性的约束，它规范着企业的每一个员工。

企业制度是维系一个企业作为独立组织存在的各种社会行为的总和，各种依法制订的规章制度作为企业的“法律”，是企业规范运行和行使权利的重要依据。济南公交建立健全各项规章制度，为工作的顺利开展保驾护航，包括行政办公与后勤事务管理制度、营运管理制度、票务管理制度、人力资源管理制度、安全管理制度、企业财务会计管理制度、审计监察制度、技术管理制度、党务政工制度、信息与网络管理制度、经营管理制度、物资管理制度、合同管理制度、设备管理制度、法律事务管理制度、房地产管理制度等。切实落实各项规章制度是济南公交实现科学高效管理的基石所在。

济南公交成立了制度管理办公室，专门研究、总结公交企业管理制度，编印《济南市公共交通总公司企业管理制度》，较为系统、全面地提出了企业管理工作的标准和要求，确立了总公司职能部门工作职责、岗位工作职责和营运公司职能部门工作职责、岗位工作职责，有效规范了公司范围内各项工作行为，初步形成了具有济南公交自身特点、符合济南公交发展需要的管理制度建设体系。

《济南公交员工手册》是企业制度文化建设的重要组成部分，包括人力资源管理、安全管理、培训与学习、员工特别提示等内容，对规范员工行为，维护企业工作秩序具有重要意义。

管理文化

GUANLI WENHUA

要通过管理文化提高企业综合管理水平，建立科学化、规范化和制度化的现代企业管理体系，推动企业持续快速发展。

管理文化是在管理理论基础上发展起来的企业文化理论，包括管理思想、管理制度、管理组织和管理方法等内容，是企业的文化意蕴和文化特征在管理中的体现。管理文化的核心是使员工关心企业，给企业管理理念和实践带来生机和活力。管理文化把企业管理和文化有机地联系起来，保证企业有序健康地运行，有利于提高企业综合管理水平，建立科学化、规范化和制度化的现代企业管理体系，从而使企业持续快速发展。近年来，济南公交高度重视企业管理文化建设，根据多年的管理实践，总结提炼出“以人为本、科学高效”的管理理念，在安全管理、营运调度、节能减排、服务创新等方面开展了诸多成功探索和实践，初步建立了较为完备的管理文化体系。

安全文化

ANQUAN WENHUA

安全是一切工作的基础和前提。让每一位员工认识到安全工作的重要性，关系到整个企业的效益、稳定与和谐。

安全文化是企业安全工作的灵魂，是企业干部职工对安全工作的一种集体共识，是实现企业稳定发展的有力保证。济南公交坚持以科学发展观统领各项安全生产工作，认真践行“安全是效益、安全是稳定、安全是和谐”的安全理念，按照“关口前移、重心下移、超前防范”的原则，积极探索适合企业的安全文化建设模式。

根据企业安全工作要求，济南公交印发《济南市公共交通总公司安全文化建设纲要》，明确了安全文化建设目标。各单位相继推出各具特色的安全管理文化模式，如一公司在安全管理中实行“三进二提高一实现”模式，二公司推行“情绪管理”，三公司实行“全时段、全覆盖、时时监控、强抓专项教育培训”管理，电车公司推出“三二一”操作规程，恒生公司实行“零缺陷目标”管理与“全方位移动式”管理相结合的方法，快速公交公司开展“啄木鸟在行动”安全活动，维修公司推出航空地勤式服务，物资公司建设撬装式加油站等。正是以上富有特色的安全文化建设活动的开展，确保了总公司安全生产形势的稳定。

济南公交通过大力加强企业安全文化建设，促进了企业安全生产主体责任的落实，强化了干部职工的安全意识，提升了企业安全管理水平，为全市安全生产形势的稳定作出了积极贡献。2011年，济南公交被济南市政府授予“济南市安全文化示范企业”荣誉称号。

服务文化

FUWU WENHUA

文化是企业发展的核心因素，作为服务窗口单位，建设服务文化必然成为促进企业科学发展的重要途径。

服务文化是企业在长期对用户服务的过程中所形成的服务理念、职业观念等服务价值取向的总和。服务理念是服务文化建设基础，是服务文化的精神内核，是影响服务中一切问题的根本。根植于服务理念而产生的服务标准、服务体制将对企业的服务质量和企业形象产生十分重要的影响。

作为服务窗口单位，济南公交把乘客满意作为一切工作的出发点和落脚点，在长期工作实践中形成“心系乘客、服务一流”的服务理念，并以此为服务文化建设基础，深入开展“微笑服务迎全运、文明行车铸品牌”、“温馨公交系乘客、微笑服务铸品牌”等“微笑服务”系列活动，将“微笑服务”纳入驾驶员星级考核标准，建立“微笑服务”长效机制，使公交服务保障能力稳步提升。

站房文化

ZHANFANG WENHUA

企业文化应当体现全体员工的共同追求，应当让每个员工感受到文化的力量。

站房文化的提出，具有时代特征和行业特色。站房文化是济南公交企业文化的拓展和延伸，是针对员工的理解能力和思维形式制订的文化策略，也是各车队个性文化的展示，是济南公交企业文化的组成部分。站房文化以“建设和谐车厢、和谐站房、和谐车队”为目标，利用员工会、黑板报、展板等形式大力进行发展。如制作《公交论语》、企业文化系列展板，统一安装到站房等。同时各车队、各站房也根据各自环境的不同，发展出积极向上而又各有特色的文化。如一公司的“温馨站房”建设、二公司的“居家式管理”、三公司的“亲情墙”、电车公司的“知心大姐热线”、恒生公司的“传统文化渗透教育”、快速公交的“啄木鸟小分队”等都是所属各营运公司在站房文化建设方面开展的有益探索和实践。

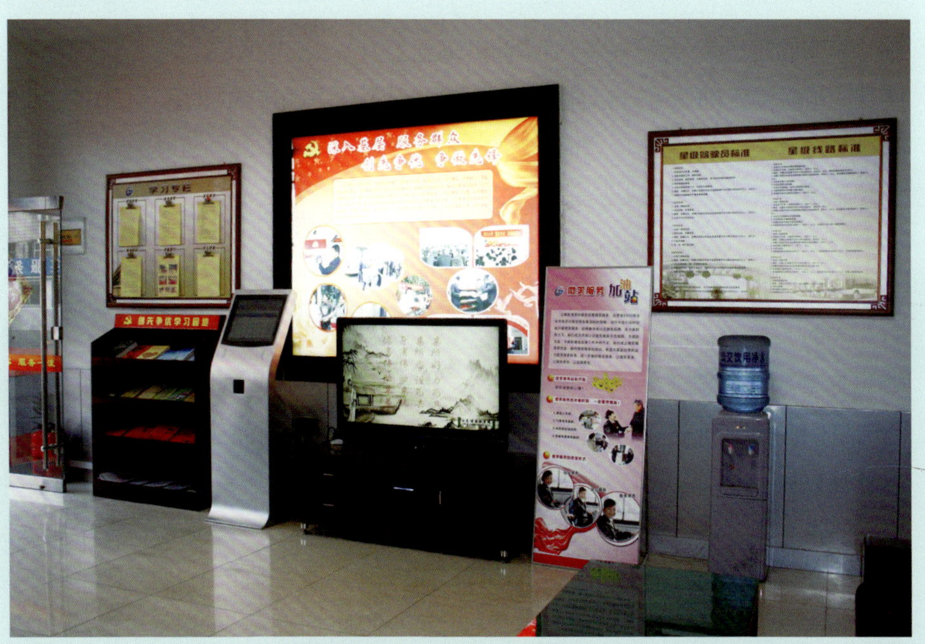

车厢文化

CHEXIANG WENHUA

文化的作用是广泛的，让服务对象也感受到企业的文化，是企业需努力的目标。

公交是服务于乘客的，车厢文化存在的目的，是为了让广大乘客认识济南公交的企业文化，从中感受到文化的魅力，感悟到做人的道理，从而营造和谐的驾乘关系和文明的乘车环境，进而从人文方面改善乘车环境，提升服务质量和公交形象。

在总公司企业文化框架内，各车队和车组也在车厢文化建设过程中充分发挥了想象力和创造力，建设了各有特色的车厢文化， 如在车厢内悬挂“乘车三字经”、“济南七十二泉”展板等。济南公交还总结了车厢文化建设的经验和收获，与济南市委宣传部、济南市文明办、中国孔子基金会共同开展了“《论语》进车厢”活动，将《论语》名句张贴在车厢指定位置上，让乘客在乘车的同时，感受到优秀传统文化的陶冶与洗礼，使十米公交车厢成为济南市传文明、提素质、促和谐的流动课堂和树形象、铸品牌的重要窗口。

节能文化

JIENENG WENHUA

承担社会责任是企业的义务，做好节能减排工作，对于提升企业社会形象意义重大。

《中华人民共和国节约能源法》指出："节约资源是我国的基本国策。国家实施节约与开发并举、把节约放在首位的能源发展战略。"近年来，济南公交按照国家节能环保目标要求，坚持"绿色公交"、"低碳出行"理念，认真落实《中华人民共和国节约能源法》和《山东省节约能源条例》，完善管理体系，加大科技投入，努力建设资源节约型、环境友好型公交企业。

工作中，济南公交结合公交运营实际，大力实施"车辆装备提升"和"绿色公交建设"两大工程，全面提升车辆装备和节能减排水平，倡导市民低碳出行，为乘客提供优质的出行服务。按照"高配低维、安全可靠、经济适用、节能环保"的标准和要求，济南公交先后完成"济南市工况下代用燃料汽车运行考核研究"和"济南市新能源汽车大规模示范运行"两项国家"863"科技项目。济南公交还参加国家"十城千辆"节能与新能源汽车推广应用活动，购置200辆国Ⅳ排放标准柴电混合动力新能源汽车，节能效果显著，平均油耗较同类车型降低28.19%。目前济南公交在册4087辆营运车中，绿色环保车3147辆（电车146辆、国Ⅲ及以上排放标准车辆1871辆、CNG 1130辆），占总体的77%。

广大职工积极响应总公司节能减排要求，认真学习掌握节能减排驾驶技能，并总结推广"方健节能驾驶操作法"等优秀节能减排工作法。在"2011全国城市公交客车节油技能总决赛"上，济南公交驾驶员张建荣获柴油手动变速箱公交客车组第一名，驾驶员祀虎获得第七名，他们还同时荣获2011年"全国城市公交客车节油技能大赛节油明星"称号，为广大驾驶员树立了标杆，使其学有目标、赶有方向，在企业上下形成了良好的节能减排文化氛围。

场站文化

CHANGZHAN WENHUA

场站文化对职工的影响是潜移默化的，可以折射一个企业的文明程度。

公交场站是公交企业的重要办公场所，场站文化建设对于营造良好工作氛围、激发职工干劲有着重要意义。场站文化是企业文化的重要组成部分，包括企业宣传标语、宣传栏、警示标语等多项内容，对广大公交职工有着潜移默化的影响力。

济南公交各单位充分利用场站特有的文化宣传教育作用，积极探索场站文化建设的有效途径。如将企业精神、企业核心价值观等做成标语张贴在场站重要位置，增强职工的企业认同感；悬挂企业主题活动标语，设立宣传栏、举办黑板报，将企业工作要求、工作重点、表彰先进等信息及时传递给职工；在场站出入口张贴安全警示标语，突出体现安全生产的重要性。济南公交重视场站文化建设的每个细节，在为广大职工提供舒心工作环境的同时，增强了职工对企业理念系统的认知。

诚信文化

CHENGXIN WENHUA

要大力培育企业诚信文化，推进职业道德建设和诚信体系建设，营造诚信和谐的企业环境。

中国诚信文化源远流长，对诚信之道给予广泛阐释。《礼记·中庸》中言，“惟天下之至诚，为能化”（只有天下最真诚的心才能感化人）；《孟子·离娄上》中言，“诚者，天之道也；思诚者，人之道也”（真诚，是自然之理；心地真诚，是为人处世之理）；宋朝张商英《素书》中言，“神莫神于至诚”（没有比完美的真诚更神圣的了）。济南公交将“诚信”作为企业精神的重要组成部分之一，大力培育企业诚信文化，推进职业道德建设和诚信体系建设，认真履行企业管理和公共服务职能，打造诚信、和谐的企业环境。在服务工作中，济南公交取信于民，实行“社会服务承诺制度”，发挥窗口服务行业的作用，积极履行公益职能，承担社会责任。

廉政文化

LIANZHENG WENHUA

要大力发展廉政文化，在整个企业内部树立新风尚，营造弘扬正气、促进和谐的良好氛围。

廉政文化是指人们关于廉洁从政的思想、信仰、知识、行为规范和与之相适应的生活方式、工作方式和社会评价，是廉洁从政行为在文化和观念上的客观反映。廉政文化建设主要包括从政的思想道德、社会文化氛围、从政人员职业道德和社会公德，是社会主义先进文化建设理论和思想的新发展、新探索，其核心价值是清廉为民。

济南公交党委高度重视廉政文化建设，将其作为重要的政治任务列入重要议事日程，与经营管理工作同部署、同落实、同检查，严格执行党风廉政建设责任制，党委书记负总责，领导班子其他成员根据分工负责，纪委协助党委做好防腐倡廉各项任务的分解和落实，将廉政文化作为推进党风廉政建设的内在动力，在企业内部积极营造企业有正事、班子有正气、员工有正义感的良好氛围。

济南公交党委组织领导干部认真学习《国有企业领导人员廉洁从业若干规定》等相关文件精神，编印《廉洁从业手册》，下发《关于构筑惩治和预防腐败体系，建设廉洁勤政高效管理队伍的意见》等文件，企业领导干部签订《廉洁从业承诺书》，各党委（支部）签订《党风廉政建设责任书》，推行干部管理和监督考评制度、廉政风险评估制度、物资采购招投标和阳光采购制度、民主生活会制度、党员领导干部报告个人有关事项制度、领导干部述职述廉制度、党风廉政谈话制度、对新提拔干部廉政勤政谈话制度、重点和关键岗位管理人员轮岗制度、对管理人员定期进行群众满意度评议制度、诫勉谈话制度等，积极构筑惩处和预防腐败体系。

济南公交党委结合企业实际，积极构筑惩治和预防腐败体系，以优秀的廉政文化为载体，健全完善廉政制度，加强了理想信念、廉洁从政、反腐倡廉等党风廉政教育，弘扬正气、树立新风，要求领导干部树立正确的权力观、利益观和社会主义荣辱观，进一步巩固廉政文化阵地。

第九部分
济南公交企业文化建设标准

JINAN GONGJIAO QIYE WENHUA JIANSHE BIAOZHUN

文化理念系统标准

WENHUA LINIAN XITONG BIAOZHUN

济南公交修订完善《济南公交企业文化手册》，对理念系统和文化建设进行分类解读，着力使企业文化植根于广大干部职工的思想和行为，长期有效地发挥其在凝心聚力、推动发展中的作用，将文化力转化为核心竞争力。各单位、部门及个体在内外宣传、对外交流中，对于企业精神、核心价值观、服务理念、经营理念、管理理念、人才理念、安全理念、学习理念等理念系统的使用，应统一到总公司党委制订的文化理念系统标准中。

站房文化建设标准

ZHANFANG WENHUA JIANSHE BIAOZHUN

站房文化实行标准化建设，建设单位负责站房文化设施的建设和维护工作，总公司企业文化部负责宣传内容的审核，相关单位负责人负责站房文化建设的推进和监督检查。在标准化建设的同时，各单位可结合实际，创新站房文化载体和形式，实现标准化与特色文化有机结合。

站房文化建设要紧密结合工作实际，形成从物质文化建设、制度文化建设到精神文化建设、行为文化建设、廉洁文化建设的系统化站房文化格局；要紧扣时代脉搏，以科技创新为支持，及时与新科技成果对接，采用先进的技术，建设先进的站房文化；要树立人文关怀理念，通过加大投入、完善读书角，使员工在工作之余有良好的休息环境和学习空间，积极营造和谐的站房环境。

1. 管理规范有序，文化氛围浓厚

《公交论语》展板清洁有序，读书角书籍摆放整齐，定期更新报刊杂志，报刊种类不少于5种，总数量不少于25期（册），“双争宣传栏”、“安全文化园地”、“厂务公开”等制作美观大方，清洁卫生，悬挂整齐。

2. 秩序井然良好，站容整洁优美

站房内不大声喧哗，不打闹，不吸烟，不饮酒，不影响他人休息，室内桌椅、物品、地板干净整洁。

3. 仪表着装文雅，物品摆放有序

站房内使用文明用语，着装整洁，行为举止文明大方。站房桌椅摆放整齐统一，电器设备齐全有序。

4. 团结互助友爱，站风和谐文明

在员工之间倡导互帮互助、团结协作的团队精神，管理人员坚持走进站房与职工交流沟通，帮助员工答疑解惑，形成温馨和谐氛围。

车厢文化建设标准

CHEXIANG WENHUA JIANSHE BIAOZHUN

车厢文化是公交车厢内服务设施、服务水平所体现的文化氛围和影响力。车厢文化既包括承诺、温馨提示牌、便民导乘图、公益宣传标牌、安全提示、公交车载电视等服务设施，也包括驾乘人员的沟通能力、服务水平所营造的车厢氛围。

1. 承诺、温馨提示牌

承诺内容包括《济南市城市公共汽（电）车乘车规则》、《济南市公交驾乘人员服务守则》、《济南市文明乘车公约》、《济南市公共交通总公司社会服务承诺》；温馨提示牌内容包括提醒乘客抓好、扶好，车内严禁吸烟，严禁携带易燃易爆化学物品乘车。承诺、温馨提示牌必须齐全、无破损、内容准确、安装位置正确。

2. 热线电话、便民导乘图、老弱病残孕专席牌

热线电话内容包括公交服务热线和24小时租车热线；便民导乘图显示本线路与主要旅游景点的换乘；老弱病残孕专席指示老、弱、病、残、孕特需专席位置，要求无破损、内容准确、安装位置正确。

3. 公益宣传标牌、安全提示

公益宣传标牌应无破损、内容准确、安装张贴位置正确，包括《公交论语》标牌和公益广告标牌。其中，《公交论语》标牌的内容为《论语》经典名句，安装位置为驾驶区后第一块边窗玻璃上方；公益广告标牌的内容以重大事件、大型活动宣传和企业文化为主，张贴在驾驶区隔板和下客门旁的灯箱上，喷画尺寸据车内灯箱实际尺寸确定。

4. 明码标价、儿童乘车标高

明码标价应喷画齐全、无破损、内容准确、张贴位置正确（投币箱壁面向上客门的一侧），显示本线路票价、是否使用电子月票、电子车票的优惠幅度。儿童乘车标高应齐全有效、字迹清晰、位置正确（上客门旁扶手杆距离车厢地板1.2m的位置）。

5. 车辆“三牌”

带有电子“三牌”（顶牌、腰牌、尾牌）的车型，“三牌”位置固定，做到规范统一、准确有效。带有线路号和星级标识的电子腰牌应在每月星级认定之后由车队及时进行调整，显示的星级应与当月所认定星级一致。其他车型的顶牌、尾牌应固定、张贴在前后风挡玻璃上端，尺寸要与玻璃相符；腰牌喷画的张贴位置为上客门侧第一块边窗玻璃前端最下角。车辆“三牌”必须齐全有效，无破损，内容准确，字体统一，安装、张贴规范，夜间明亮；电子“三牌”应保证正常、有效，显示与运行线路一致。

6. LED显示屏

LED显示屏滚动播出提醒乘客爱护车内设施、维护乘车环境、给老弱病残孕特殊乘客让座等宣传语句，显示站点、日期、时间、车内温度等。车辆运行中必须开启LED屏，且屏幕显示内容规范、准确、无乱码。

7. 车载移动电视

车载移动电视以弘扬正气、传播文明为宗旨，采编广大乘客和职工广泛关注的时事热点，对公交优先政策、典型事迹等内容进行宣传。栏目每周制作2~3期，每期5分钟，每天分6个时段循环播放，采用公交新闻、系列报道、滚动播报、专题宣传等形式对济南公交的企业形象进行全方位、立体化、多角度宣传，树立企业良好社会形象。

8. 文明和谐氛围

公交员工要以微笑服务、真情服务与乘客建立良好的驾乘关系，营造互助友爱、文明和谐的车厢氛围。

车间文化建设标准

CHEJIAN WENHUA JIANSHE BIAOZHUN

车间文化建设标准参照《车间管理考核办法》。

(1)工作标准、安全操作规程、设备设施责任人标示牌悬挂规范。工作人员身着工作服、佩带工号，仪表整洁、待人礼貌。

(2)墙壁整洁、无污物，门窗玻璃洁净、无缺损，地面地沟整洁、无杂物、无积水油污。机具不落地，工作台案摆放整齐，台面整洁有序。

(3)遵守安全操作规程，按规定使用劳动防护用品，汽车、交流电、电气焊等特殊操作应持证上岗。

(4)生产设备定位定置管理，保持设备本色，无漏电、漏气、漏水、漏油现象。维修车辆按工位有序摆放，停直顺正，车辆周围留有有效安全间距。

(5)动力电源、配电盘有专人负责，保持清洁卫生，工作状况良好，无缺件、线头外露、接触不良、漏电保护失效现象。灭火器材配置合理，清洁有效，进行编号管理，图物相符。

(6)冬季棉门帘悬挂整齐、无油污，风扇套齐全整洁；夏季风扇洁净，运转正常，防护罩牢固。工作间、休息室照明设施齐全有效，物品摆放清洁整齐。

(7)消防通道标志、消防沙标志、严禁烟火标志、危险源警示标志、设施危险等级风险卡、安全距离标志等齐全。

场站文化建设标准

CHANGZHAN WENHUA JIANSHE BIAOZHUN

场站文化建设方面，要落实场站管理各项规章制度，保持场区清洁有序，采用灵活多样、美观大方的文化形式，营造浓厚的文化氛围。

(1)场区企业文化氛围浓厚，宣传用语美观醒目。

(2)场容场貌管理规范，场区干净清洁，地面无污物。

(3)场区绿化布局科学合理，进出场大门标示清洁完整。

(4)场内各线路车辆按序停放，安全通道畅通。

(5)场内消防、照明灯等设施齐全有效。

第十部分

济南公交企业文化载体

JINAN GONGJIAO QIYE WENHUA ZAITI

城市公共交通系列丛书

CHENGSHI GONGGONG JIAOTONG XILIE CONGSHU

济南公交历来重视职工培训，为完善企业培训教材，提高培训质量，济南公交编辑出版了《城市公共交通系列丛书》。该丛书包括《城市公共交通车辆实用技术》、《城市公共交通运营调度管理》、《城市公共交通企业安全管理》等，共11册，实用性强，通俗易懂，基本涵盖了公交企业经营管理各层面内容。

济南公交报

JINAN GONGJIAO BAO

《济南公交报》创办于2005年。该报以“全心全意为乘客、一心一意为职工”为办报宗旨，为企业内部发行资料，主要面向广大公交干部职工和其他兄弟单位，紧紧围绕企业中心工作组稿、编印，是企业文化凝心聚力的重要载体，更是企业实施科学发展战略的重要思想宣传阵地。

《济南公交报》是企业文化建设和精神文明建设的重要组成部分，每月两期，月中、月底发行，报道近期发生的企业新闻，宣传公司规章制度，传达上级精神，刊登员工佳作，传递企业文化，促进行业交流。遇有大型活动或重大事件，则增设专刊，如“冬运专刊”、“安全专刊”等。

《济南公交报》紧紧围绕企业实际，坚持以正确的舆论引导人，以高尚的情操鼓舞人。近年来，在总公司党委和领导班子的正确领导与关心支持下，该报多次改版，力争版式更新、信息量更多、时效性更强、宣传量更大，为企业科学发展营造良好舆论氛围。《济南公交报》连续两年在中国城市公共交通协会举办的全国公交行业报刊展示活动中荣获全国公交行业报刊展示精品奖。

济南公交报

JI NAN GONG JIAO BAO

全国城市公交企业工会联委会十六届二次理事会专刊

第17期(总第111期) 2011年10月19日 济南市公共交通总公司主办

热烈祝贺全国城市公交企业工会联委会十六届二次理事会隆重召开！

有朋自远方来，不亦乐乎！

——热烈欢迎参加全国城市公交企业工会联委会十六届二次理事会的各位代表

济南市交通运输局副局长、公交总公司党委书记、总经理 薛兴海

薛总等总公司领导国庆期间亲切看望慰问职工

济南公交报

JI NAN GONG JIAO BAO

第6期(总第100期) 2011年4月22日 济南市公共交通总公司主办

欢迎访问济南公交网 www.jnbus.com.cn (内部资料)

济南公交情绪管理荣获国家级管理创新成果奖

济南市交通运输局副局长、公交总公司党委书记、总经理薛兴海在2011年度总公司宣传思想工作会议上指出

要坚持正确的舆论导向，为公交事业发展营造良好氛围

图为2011年度总公司宣传思想工作会议会场

面对油价上调，济南公交：服务水平不降低

济南公交报

JI NAN GONG JIAO BAO

第14期(总第108期) 2011年8月29日 济南市公共交通总公司主办

欢迎访问济南公交网 www.jnbus.com.cn (内部资料)

总公司营运管理与智能调度研讨班圆满结束

交通运输部部长李盛霖来济南公交视察工作时指出

济南公交有很好的传统，有很好的基础，理所当然地应该在推进公交优先战略的过程中进一步发挥好的作用，为全国城市公交优先发展战略的实现做出贡献。

济南公交二公司党委荣获全国“先进基层党组织”荣誉称号

济南公交网

JINAN GONGJIAOWANG

济南公交网（http://www.jnbus.com.cn）于2006 年元月开通。网站始终坚持“先导性、窗口性、服务性、社会性、系统性”的理念，为市民出行、企业拓展、社会需求提供全面、及时、准确和实用的公共交通信息，努力提升济南市公共交通服务水平，不断推进济南公共交通信息化、智能化建设。

网站根据形势发展需要和网友需求，不断进行升级。目前，公交网的主要栏目有公交信息、公交展台、乘车信息、公交服务、IC 卡专栏和公交论坛六大板块，同时设置了嘉宾在线、总经理信箱、网上课堂、满意度调查、公交专栏、地图查询、公交在线、视频点播、公交报刊九项特色网站栏目。网站内容丰富、信息及时、功能齐全，可以及时为市民提供全面准确的乘车信息，搭建了乘客与企业交流的信息平台，是济南公交面向社会的一个重要窗口。

济南公交网作为窗口服务行业的网站，注重“亲民、便民、利民”，着力体现“以人为本”的理念，具有以下主要特色：

信息及时——发布权威、及时的济南公交出行信息及公交行业新闻动态，供市民查阅；

便民服务——为市民提供IC 乘车卡指南、服务标准等一体化服务；

精确查询——为市民提供与工作生活密切相关的各类交通咨询服务和交通信息查询，以及电子地图、换乘查询的应用，使市民乘车信息查询更加直观和人性化；

互动平台——总经理信箱、民意调查、在线咨询与投诉、公交论坛等为市民提供了与企业之间的互动渠道。

济南公交网站坚持正确的舆论导向，内容丰富、形式新颖、信息及时、访问量大，深受广大网友的好评，连续三年被评为济南市优秀网站。

济南公交之窗

JINAN GONGJIAO ZHICHUANG

为充分利用公交车辆移动车载电视资源，扩大企业在广大市民乘客中的影响力，树立企业良好社会形象，2009年底，按照总公司党委要求，济南公交开办了自制视频新闻节目《济南公交之窗》栏目。

《济南公交之窗》栏目以弘扬正气、传播文明为宗旨，采编广大乘客和职工广泛关注的时事热点，对公交优先政策、典型事迹等内容进行宣传，并适时播放宣传济南公交企业形象的专题片。栏目每周制作2~3期，每期5分钟，每天分6个时段循环播放，采用公交新闻、系列报道、滚动播报、专题宣传等形式对济南公交的企业形象进行全方位、立体化、多角度宣传。栏目一经播出，即得到了广大乘客的欢迎和好评，有效提高了企业在广大市民中的影响力，提升了企业良好的社会形象。

公交书籍

GONGJIAO SHUJI

为满足各时期企业发展需要，济南公交编纂了大量书籍，包括操作规程、工作标准、培训材料、纪念画册、文章选编等，以丰富企业文化，提高职工认知能力，增强企业凝聚力，提升企业社会形象。

传统文化系列书籍

CHUANTONG WENHUA XILIE SHUJI

公交论语

传统的儒家文化塑造了国人的灵魂，融入到生活，也构筑了公交文化。

20 世纪80 年代的一个初春季节，75位诺贝尔奖获得者集聚巴黎，他们在会议宣言中写道：“如果人类要在21 世纪生存下去，必须回到2500 年前去汲取孔子的智慧。”孔子是中华文化的象征，也是世界上最具影响力的中国人，记载着他的光辉思想的《论语》被称为“东方的圣经”。

近年来，越来越多的人从《论语》中寻找文化的根源，寻找处事的方法，寻找学习的方式，寻找做人的道理，而他们也发现，即便是新时期，孔子的理论依然有着其适用性和生命力。2007年，济南公交与中国孔子基金会联合编写了《公交论语》，把《论语》纳入企业文化建设中来，从古人的智慧中汲取力量与养分。我们从《论语》一书中，精心挑选出与公交工作密切相关的100 条，分为“学习、管理、服务、礼仪、敬业、修养、交友、处世、荣耻、和谐”10部分，对《论语》的名言作出解释，结合公交行业的工作实际进行阐发，并配合精彩的励志故事，对孔子名言进行延伸解读。只要每一个员工能从其中一句或几句中悟出一点做人处世的道理，只要每一个员工能够通过阅读《公交论语》而提高自身的素质，加深对自己工作的理解，进而提高工作的效率，提升服务质量，那么，济南《公交论语》可谓功莫大焉。2009年4月8日，《公交论语》被济南市职工思想政治工作研究会和济南市企业文化建设协会联合授予“济南市优秀企业文化品牌”荣誉称号。

2008年，济南公交与济南市委宣传部、济南市文明办、中国孔子基金会共同开展了“《论语》进车厢”活动，通过《齐鲁晚报》、《生活日报》、《山东商报》等新闻媒体开辟专栏，设立热线电话，向社会公开征集《论语》名句600余条，从《论语》中选摘了最受欢迎的论语名句，在中国孔子基金会的大力协助下，编纂成《公交车厢论语》一书，分别从“学习篇、修养篇、处事篇、服务篇、奉献篇、和谐篇”6部分对公交车厢论语进行了阐释。该书把儒家文化与贯彻落实《公民道德建设实施纲要》有机结合起来，通过公交文明窗口，宣传普及优秀传统文化，不断推动和谐车厢、和谐公交、和谐社会建设。2009年9月21日，中央文明办专职副主任王世明一行来济南市公交总公司考察企业文化建设工作时，现场察看了“《论语》进车厢”活动的开展情况，对济南公交企业文化建设给予了高度评价，称赞“济南公交论语好！”

公交弟子规

优秀的思想品德是个人成功的要件，汇流到企业文化，则塑造了高尚的企业精神。

《弟子规》是中华传统文化德育教学的重要内容，注重的是家庭、做人和德行的教育，它以圣贤之道作为指导方针，目的是让人们通过学习圣贤的教诲获得幸福成功的人生。济南公交从行业角度对《弟子规》加以阐述，编印了《公交弟子规》，激励全体员工树立脚踏实地、刻苦钻研的工作作风，继续发扬公交人爱岗敬业的无私奉献精神。该书按照《弟子规》原文顺序编写，共分21个部分。每一部分都包括原文、译文、感悟，以及心得体会四项内容。其中心得体会部分需要广大员工自己填写，让员工在深入学习传统文化、收获圣贤教诲的同时，获取为人处世的真谛，感悟幸福人生，获得成功的事业，成为受人尊敬、受企重用的济南公交人。

企业宣传系列书籍

QIYE XUANCHUAN XILIE SHUJI

成就2008

2008年3月9日，胡锦涛总书记在接见十一届全国人大一次会议代表团时，对来自济南公交的代表吴倩说：“济南公交是一个品牌，你们要珍惜荣誉啊！”胡总书记的讲话，是对济南公交万余名员工的极大鼓舞和鞭策。公交广大干部职工以讲话精神为工作动力，倍加珍惜荣誉，不断完善服务机制，创新服务形式，将品牌建设列为企业提升发展的核心内容，在全国同行业中率先实施服务标准化、品牌化发展战略。

《成就2008》一书记载了济南公交在2008年所取得的可喜成绩。2008年，总公司的新闻宣传工作取得了显著成效，被中共济南市委宣传部评为新闻宣传先进集体，在各级新闻媒体刊播稿件近1000篇。《成就2008》从中精选了89篇，共分《和谐篇》、《发展篇》和《真情篇》三个篇章，分别从企业和谐建设、科学发展和真情服务三个层面对2008年的公交发展进行了全方位的生动记录，对提高职工热情、树立企业良好社会形象发挥了积极作用。

共赢金牌2009

2009年，济南公交根据市委、市政府“保增长、保民生、保稳定、保全运”这一中心任务，把“迎和谐全运、建美丽泉城”作为工作重心，深入学习贯彻落实党的十七大、十七届四中全会精神，坚持以科学发展观为统领，全面实施“八大提升工程”和“七大保障体系”建设，努力提升公交服务保障能力，使各项工作都保持了良好发展态势。

《共赢金牌2009》一书记录了2009年济南公交的发展历程和多角度工作画面。2009年，总公司围绕各项中心工作，加大了新闻宣传工作力度，在各级新闻媒体刊播稿件1300余篇，并被中共济南市委宣传部评为新闻宣传先进集体。《共赢金牌2009》收录各级典型新闻稿件79篇，内容分为《发展篇》、《全运篇》、《创新篇》、《真情篇》四个篇章，分别从构建和谐企业、迎办全运、创新发展、微笑服务四个方面展现了济南公交在各个领域所取得的成绩。该书在见证济南公交事业快速发展的同时，极大地鼓舞了广大公交干部职工的干劲和工作热情。

企业宣传系列书籍

QIYE XUANCHUAN XILIE SHUJI

微笑服务2010

2010年，济南公交在济南市委、市政府和市交通运输局的正确领导下，进一步加大科技创新力度，不断优化公交线网，开展“创先争优、争做公交先锋”活动，稳步推进微笑服务工作，全心全意当好百姓的“专职司机”，成功续写济南公交事业发展的辉煌篇章。

《微笑服务2010》一书记载了2010年济南公交发展的辉煌历程。2010年，总公司的新闻宣传工作紧密围绕中心工作，在各级新闻媒体刊播稿件1400余篇，对外宣传公交、报道优秀、提升形象，对内统一思想、凝心聚力、昂扬斗志。《微笑服务2010》选编了总公司2010年在各级新闻媒体上刊发的代表性稿件110余篇，共分《创新推动发展》、《真情奉献社会》、《微笑铸就品牌》、《〈济南公交报〉精选》四个篇章，全方位、立体化、多视点地展现了2010年济南公交在履行社会职能、承担社会责任、建设企业文化、实行科技创新、实行管理创新、实现微笑服务等多领域里取得的成绩。

温馨公交2011

2011年是济南公交“十二五”规划的开局之年，也是济南公交提升品质、熔铸品牌的重要一年。一年来，总公司在济南市委、市政府和市交通运输局的领导下，11200余名职工进一步解放思想、提升境界，以“公交优先”为契机，积极进行“公交都市”示范城市申报工作并取得重大进展。济南公交以纪念胡锦涛总书记讲话三周年系列活动和深入开展文明创建活动为载体，深入开展“微笑服务”和“创先争优”活动，抓住发展机遇，圆满完成了各项工作任务，精神文明建设工作成绩斐然，获得“全国文明单位”荣誉称号。

2011年，总公司的新闻宣传工作紧密围绕公司党委工作开展，在各级新闻媒体刊播稿件1400余篇。《温馨公交2011》从中选编代表性稿件100篇，共分《创新推动发展》、《诚信创造价值》、《责任铸就品牌》、《〈济南公交报〉精选》四个篇章，多角度记录了济南公交人以创新推动发展，用诚信创造价值，用责任铸就品牌的靓丽篇章。

企业纪念画册

QIYE JINIAN HUACE

经过60多年的风雨历程，经过几代公交人的艰苦努力，济南公交已步入稳步发展的历史时期。为记录企业发展历史，展示职工风采，济南公交编印了《济南市公共交通总公司60周年》、《腾飞》、《风采》、《站在新起点　实现新跨越》、《展风采　铸品牌》企业纪念画册，多层次、立体化呈现了济南公交的发展变迁以及济南公交人工作、学习的方方面面，用一幅幅照片生动阐释了济南公交“让乘客满意、让政府放心、让员工快乐、为社会奉献”的企业核心价值观。

公交盛开文明花

济南公交：安全便捷服务暖人心

当好老百姓的"专职司机"

对外宣传

DUIWAI XUANCHUAN

在党和政府的关心下，经过济南公交11200余名员工的共同努力，济南公交事业得到了迅猛发展，引起了中央、省、市等新闻媒体的广泛关注。总公司党委十分重视对外宣传工作，各级宣传工作人员深入一线调研，大力宣传党的路线、方针、政策，对企业的发展进行深入报道，为企业发展营造了良好的舆论氛围。

2011年，《齐鲁晚报》、《山东商报》、《济南日报》、济南电视台等省市新闻媒体先后走进公交，设立"走基层、转作风、改文风"驻济南公交采访实践基地，为公交事业发展提供了良好的宣传平台，有效改善了济南公交对外宣传"生态环境"。

企业简报

QIYE JIANBAO

迎全运"百日会战"活动

简 报

济南公交圆满完成全运会闭幕式疏散任务

企业简报是传递企业信息的重要载体，具有时效性、交流性和指导性。为将总公司主题活动进展情况信息及时传递给广大干部职工，济南公交编印了"'迎全运'百日会战"、"深入贯彻落实科学发展观"、"解放思想大讨论"、"服务为民、廉洁高效"、"创先争优"、"深入基层、服务群众"等主题活动简报，将上级要求和总公司、分公司工作进展情况及时汇总，便于广大职工交流工作经验，借鉴工作方法，完善活动内容，确保活动取得实效。

黑板报

HEIBANBAO

为及时传递工作信息、介绍主题活动和工作经验、营造节日氛围，公司、车队、车间每月定期举办黑板报，方便广大职工了解企业情况，提升专业技能。总公司还围绕主题活动，定期举办黑板报比赛，丰富职工文化生活，促进工作经验交流。

宣传栏

XUANCHUANLAN

宣传栏是企业开展宣传教育工作的有效手段。济南公交党委重视宣传栏建设，设立厂务公开专栏，便于广大职工动态了解、监督企业经营工作情况。同时，宣传栏还是广大干部职工了解企业规章制度，学习企业文化和先进典型的窗口。为达到预期宣传教育目的，济南公交在总公司驻地、分公司驻地、所属各车队醒目位置都设立了宣传栏专区。

公交史馆

GONGJIAO SHIGUAN

优秀的企业文化，离不开历史的积淀，只有牢记历史，才能更好地展望未来。

济南公交史馆位于济南市公共交通总公司院内，于2008 年10 月30日正式揭牌。该馆占地面积300多平方米，分为图片展区、实物展区两个部分。图片展区分为“追忆路、耕耘路、发展路、创新路、和谐路、荣耀路、腾飞路、庆典路、全运会、关怀路”10部分，共有展板92块，图片725幅。它以图片资料的形式记载了济南公交从1948 年诞生之日起，60 多年来的发展历程，包括车辆场地变迁、不同时代职工的精神风貌、济南公交的重大变革和机构改革、各级领导对济南公交的关怀勉励以及获得的荣誉等。实物展区展出了济南公交获得的奖杯、奖牌、奖状以及有纪念意义的重要物品，其中包括中国用户满意鼎、祥云奥运火炬、全运会火炬、历代月票及IC 卡票样、历年活动纪念品等。

文体活动

WENTI HUODONG

为丰富职工业余生活，加强职工之间的沟通交流，增强企业凝聚力，济南公交组织开展了丰富多彩的文艺演出活动和体育活动，极大满足了广大员工的精神文化需求，充分展示了新时代公交人昂扬向上的精神风貌。

济南公交业余文工团

JINAN GONGJIAO YEYU WENGONGTUAN

济南公交业余文工团成立于2008年3月，下设管乐队、舞蹈队、女子鼓乐队等团体组合，现有成员40余人，先后荣获山东省职工歌手大奖赛一、二等奖，山东省曲艺大赛一等奖，山东省济南市庆祝建党90周年文艺汇演一等奖等多项荣誉。

济南公交业余文工团本着弘扬企业文化、服务基层的原则，创作编排具有行业特色的节目，深入公司基层车队、车间慰问演出，受到广大公交员工的一致好评。2012年，女子鼓乐队应邀参加了浙江卫视《中国梦想秀》节目，经过努力拼搏，最终登上了《梦想盛典》的舞台，在全国观众面前展现了济南公交员工的风采。

附件：

关于进一步加强济南公交企业文化建设的意见

(济公交党发〔2012〕1号文)

为认真贯彻党的十七届六中全会和中共济南市委九届十一次全会精神，深入推进济南公交企业文化建设，增强企业文化软实力，为企业发展提供强大的精神动力和文化条件，现就进一步加强企业文化建设制订如下实施意见。

一、充分认识加强企业文化建设的重大意义

党的十七届六中全会明确提出，文化是民族的血脉，是人民的精神家园。当今时代，文化越来越成为综合国力竞争的重要因素，越来越成为民族凝聚力和创造力的重要源泉，越来越成为经济社会发展的重要支撑。城市公共交通文化是社会主义文化的有机组成部分，是引领公交企业可持续发展的软实力。加强企业文化建设，有利于形成和发展先进的公交企业文化体系，满足企业广大干部职工日益增长的精神文化需求；有利于形成良好的职业道德和行业风尚，推动社会主义核心价值体系在企业的深入落实；有利于强化团队意识和主人翁意识，提高企业的凝聚力和战斗力，为构建文明和谐企业提供强大的文化支撑；有利于弘扬公交行业精神，激发广大干部职工的积极性和创造性，形成同频共振、共谋发展的精神动力；有利于树立共同愿景和企业使命，提高广大干部职工对企业核心价值体系的认知度和认同感，形成团结奋斗的共同思想基础，全面提升企业文化软实力。

二、明确企业文化建设的指导思想和总体目标

济南公交企业文化是济南公交在长期发展实践中逐步形成并不断积累的，体现企业价值理念的各种精神文化、制度文化和物质文化的总称，是济南公交事业发展的重要成果，是企业文明程度的重要标志。

加强企业文化建设总的指导思想是：坚持以邓小平理论和“三个代表”重要思想为

指导，以科学发展观为统领，全面贯彻落实党的十七届六中全会精神和中共济南市委九届十一次全会精神，牢牢把握社会主义先进文化前进方向，以科学发展为主题，紧紧围绕践行社会主义核心价值体系这条主线，以企业核心价值观为根本，以战略目标为总纲，以人本管理为核心，以发展公交特色文化为重点，以加强文化基础设施建设为保障，以推进改革创新为动力，紧密结合公交行业特点，努力打造与丰厚齐鲁文化相承接、与现代公共交通发展目标相匹配、与干部职工精神文化需求相适应的文化体系，全面提升企业发展软实力，为企业全面协调可持续发展提供强大的精神动力、智力支持和文化条件。

加强企业文化建设的总体目标是：通过3～5年的努力，初步建立起体现企业发展特色的公交文化建设体系；理论武装工作和社会主义核心价值体系建设深入推进，干部职工队伍精神风貌和文化素养明显提高；文化建设在促进企业发展中的引领作用显著增强，企业核心价值体系得到职工的普遍认同；企业行为规范、健全、完善，现代管理和服务理念深入人心；品牌建设和特色文化富有成效，文化作品创作和传播取得实质性突破，优秀文化作品不断涌现，反映形式趋向多样化、高端化；文化建设实践活动扎实推进，群众性文明创建活动蓬勃开展，文化建设阵地得到进一步巩固和加强，企业文化软实力得到显著提升，实现企业以文“化”人。

三、切实遵循企业文化建设的基本原则

（一）坚持文化建设与企业发展相结合。把推进文化建设与转变发展方式、加快基础设施建设、深化企业体制改革、发展现代公共交通紧密结合起来，与加强企业各个领域的管理和服务工作相融并进，注重运用文化的力量促进各项工作的开展；同时，把文化的发展作为企业全面协调可持续发展的重要组成部分，以企业的进步推动文化的发展。

（二）坚持整体筹划与重点推进相结合。要结合工作实际，借助必要的载体和抓手，大胆探索、勇于实践，以点带面、整体推进。按照不同文化层次的内在联系，突出精神文化建设，兼顾制度文化和物质文化，使三者互为依托，互促并进，整体优化。注重把企业理念系统融入到具体的规章制度和外在形象之中，对内凝聚共识，对外树立形象。

（三）坚持加强领导与依靠职工相结合。要在健全完善主要领导亲自抓、分管领导靠上抓、主管部门协调、相关部门配合、上下合力、内外联动的组织领导体制的同时，广泛发动广大干部职工积极参与，努力构建具有牢固群众基础的企业核心价值体系和行为规范。

（四）坚持继承传统与创新发展相统一。要继承和发扬企业优秀的文化传统，积极借鉴国内外和行业内外文化建设的成功经验和先进文化成果，大胆进行企业文化创新，努力使企业文化建设把握规律性、体现时代性、富于创造性。

（五）坚持先进性与行业性相统一。既要着眼于代表先进文化的前进方向，全面体现贯彻落实科学发展观、践行社会主义核心价值体系、推进社会主义文化大发展大繁荣的要求，又要立足公交企业实际，充分体现企业特色，使文化建设更加具有可操作性和实效性。

四、全面落实企业文化建设的各项任务

（一）认真学习领会党的十七届六中全会精神。党的十七届六中全会是在全面建设小康社会的关键时期和深化改革开放、加快转变经济发展方式的攻坚时期召开的一次十分重要的会议，会议审议通过的《中共中央关于深化文化体制改革推动社会主义文化大发展大繁荣若干重大问题的决定》，是当前和今后一个时期指导我国文化改革发展的纲领性文件。企业各级党组织和广大党员干部，要把学习贯彻十七届六中全会精神作为当前和今后一个时期的重大政治任务，在学深学透文件、掌握精神实质、结合实际狠抓落实上下功夫。要深刻认识我国文化建设的巨大成就和机遇挑战，深刻认识推动社会主义文化大发展大繁荣的重要性和紧迫性，深刻认识文化改革发展的指导思想、目标任务、重要方针和重大举措，深刻认识加强和改进党对文化工作的领导是推进文化改革发展的根本保证，切实把思想统一到十七届六中全会精神上来，把力量凝聚到全会提出的各项决策部署上来，切实增强推动文化改革发展的使命感、责任感和紧迫感。各单位要准确把握当今时代文化发展的新趋势，准确把握公共交通发展的新特征，准确把握干部职工精神文化生活的新期待，解放思想，提升境界，顺势而为，乘势而上，努力兴起文化建设新高潮，推动企业全面协调可持续发展。

（二）深入践行社会主义核心价值体系。社会主义核心价值体系是兴国之魂，是社会主义先进文化的精髓，决定着文化的发展方向。要把社会主义核心价值体系建设作为基础工程，融入企业精神文明建设和党建工作全过程，贯穿于干部职工教育管理始终，在企业形成统一指导思想、共同理想信念、强大精神力量和基本道德规范。坚持用社会主义核心价值体系引领企业发展，使社会主义核心价值体系转化为干部职工的精神信仰和价值追求。深入贯彻落实《公民道德建设实施纲要》，大力弘扬以爱国主义为核心的民族精神和以改革创新为核心的时代精神，深化社会公德、职业道德、家庭美德和个人品德教育，推动践行社会主义道德观和荣辱观活动，全面提高干部职工道德素质。将法律知识科学融入到企业文化建设中来，实现企业文化建设与依法治企的有机统一。坚持用企业使命、企业精神和企业核心价值观引导人、凝聚人、激励人，使企业价值理念成为引领干部职工奋发向上的精神力量和团结奋斗的文化纽带。

（三）着力构建企业文化品牌体系。紧紧围绕“两保两树”活动总体要求，大力实施品牌带动战略，扩大企业的社会美誉度和影响力。加强对“微笑服务”、“情绪管理”、“公交论语”等文化品牌的宣传推广，充分发挥其典型示范和辐射带动作用，逐步形成以企业“微笑服务”品牌为核心、其他品牌为补充的济南公交文化品牌体系。

提升微笑服务品牌，推动服务管理创新。要进一步深化微笑服务活动内涵，加强员工的职业理想和服务技能教育，使广大职工牢固树立品牌意识，以优质的服务、文明的举止自觉维护公交微笑服务品牌形象。完善“星级管理、星级服务”制度，逐步升级标准，将微笑服务更科学地融入到标准中来，实现微笑服务制度化、标准化、常态化。充分发挥各级党组织的作用，党、团员实行挂牌服务，广泛开展文明服务、文明礼仪展示活动，使公交员工成为文明秩序的维护者、文明行为的示范者、文明礼仪的践行者。通过文化建设与经营管理、营运服务等业务工作的有机融合，推动服务管理创新、制度创新。

提升情绪管理品牌，创新思想政治工作。加强与市政研会的沟通与联系，做好理论研究和政工干部的培养工作。积极研究和把握新形势下思想政治工作的特点和规律，以热点和难点问题作为工作重点，大胆探索新途径、新方法，创造性地做好深入细致的思想政治工作，真正做到理解职工、关心职工、体贴职工。坚持工作重心下移，抓基层、抓基础、抓队伍，搞好调查研究，进一步研究、完善、推广“情绪管理”等一系列行之有效的管理方法，及时掌握职工思想动态，了解职工思想状况，摸清职工思想脉搏，有针对性地开展思想政治工作。

提升公交论语品牌，传承优秀传统文化。进一步深入开展济南公交“《论语》普及工程”，继续推进“公交论语”文化品牌建设，修订、升级、完善《公交论语》、《公交车厢论语》，在深化《论语》与公交行业、公交企业文化建设的融合上下工夫，积极探索和推进《公交弟子规》普及工程，加大优秀传统文化在职工培训教育中的比重和力度。

（四）稳步推进企业文化阵地建设。切实增强企业文化引领意识，在基础设施硬件建设和软环境建设中融入文化元素，将企业核心价值体系物化于基础设施及环境建设中，增强企业文化的视觉冲击力和影响力。

建立健全特色文化体系。在积累、总结现有企业文化建设成果的同时，细化文化功能分类，根据不同类别文化的功能与特点，逐步建立以品牌文化为核心，以管理文化、站房文化、车厢文化、安全文化、节能文化、场站环境文化和廉政文化为重点的企业文化体系。坚持“走出去”和“引进来”相结合的文化交流道路，学习、引鉴更加先进科学的文化管理理念。倡导各营运公司、直属单位、机关部室在总公司企业文化建设框架内，结合自身特点，不断更新文化管理理念、创新文化管理形式、强化文化管理效能，初步建立丰富多彩、富有特色、系统完备的公交企业文化体系。

探索企业文化标准化建设。在2009版《济南公交企业文化手册》的基础上，继续总结提升、细化分类、完善体系，进行修订完善，对其理念系统和文化建设进行分类解读，着力使企业文化植根于广大干部职工的思想和行为，长期有效地发挥其在凝心聚力、推动发展中的作用，将文化力转化为核心竞争力。设立站房文化建设标准，由相关单位负责站房文化设施建设，企业文化部负责宣传内容的审核。

完善企业文化设施建设。适时完善公交史馆建设，加大对新进员工的公交发展历史教育；发挥公交业余文工团在对内服务基层、对外提升形象中的作用，开展多种形式的演出活动，活跃职工精神文化生活；发挥图书馆、职工书屋、读书角的功能，在有条件的单位增设职工书屋，计划增加3~5个书屋，加快建设学习型企业。

推进企业诚信文化建设。积极培育企业诚信文化，推进职业道德建设和诚信体系建设，认真履行企业管理和公共服务职能，打造诚信、和谐的企业环境。重视廉政文化建设，以廉政文化推广活动为载体，健全完善廉政制度，培育廉洁从政理念，巩固廉政文化阵地。

（五）逐步完善企业人才培训制度。坚持尊重知识、尊重人才、尊重创造，努力培养造就一支德才兼备、锐意创新、结构合理、专兼结合的企业人才队伍。大力实施人才强企战略，将职工素质工程融入企业总体发展战略之中，真正实现“让每一位员工都能在公交施展才华”的人才理念，使企业精神、经营理念、核心价值观和服务理念融为一体，提高员工的综合素质。以职工培训中心为人才培训基地，充分利用年度职工轮训，对企业职工进行系统培训。根据企业实际发展需要制订系统培训计划，使职工学习有目标、有内容、有计划、有考核。通过创新培训形式，把企业理念、服务标准、职业规划等更好地融汇到培训中，提高员工队伍的道德素质和职业素质，从本质上增强企业的整体素质和核心竞争力。

进一步提高企业宣传工作人员职业素质。建立健全宣传工作人员培训制度，定期对宣传人员进行培训，邀请业内资深专家学者，就宣传工作业务知识进行讲解，进一步提高各级宣传人员的知识素养。加强宣传干部的能力建设，科学把握新形势下宣传思想文化工作的特点和规律，切实增强宣传干部的大局意识、责任意识和服务意识，切实提高其学习能力、创新能力、协作能力和执行能力。

（六）加大先进典型选树和培育力度。广泛组织开展“学先进、树新风、建体系、创一流”活动，组织广大干部职工深入学习身边先进典型的感人事迹，弘扬时代精神，唱响时代旋律。加大先进典型培育力度，完善“事前敏锐发现、事中积极推广、事后跟踪培养”的典型培育机制，推动先进典型层出不穷。重视做好典型群体和典型人物先进事迹的深度挖掘和艺术加工，让他们的先进事迹走进书本、走进荧屏、走进课堂，让公交战线的先模人物和先进事迹在社会和群众中传唱。注重发挥先进典型的示范引领作用，加大宣传推广力度，用先进典型的生动事迹阐释企业核心价值观的丰富内涵，用榜样的力量引领干部职工的思想和行动。

（七）积极引导企业文化产品的创作。坚持正确创作方向，积极引导公交文化产品的创作。充分调动各方面积极性，组织开展诗歌、小说、戏曲、文艺节目、影视作品、书画摄影作品、音像制品等创作，充分反映企业发展成就，彰显企业核心价值观，升华公交人奋发向上的精神风貌。当前和今后一个时期，要着重在提升档次、扩大影响方面狠下工夫，加大在文化产品创作方面的投入，力争在“十二五”期间创作生产出思想性艺术性观赏性相统一、职工喜闻乐见的优秀文艺作品，用优秀的文艺作品来展现公交人的风采，弘扬真善美的主旋律，用文化来凝聚职工。实施“六个一”工程，即结合相关工作每年召开一次企业文化推进会、组织一次“总公司年度事件大事评选”、编印一本画册、制作一部形象宣传片、编排一台文艺节目、编辑出版一本年度优秀新闻宣传作品合集，不断提升企业文化工作水平。

（八）探索企业文化产业。发展企业文化产业是满足广大干部职工多样化精神文化需求的重要途径。要通过探索发展文化产业，提高企业文化的经济效益和社会效益，提高济南公交的社会知名度和影响力。

探索管理咨询服务模式。随着济南公交事业的发展，相关单位和部门要探索建立管理咨询服务职能，根据总公司在企业管理实践中积累的理论成果和成功经验，加大对培训人才的技能培养，为其他单位尤其是公交企业提供管理咨询和培训指导。

有效经营管理创新成果。要进一步总结“星级管理、星级服务”制度、“微笑服务”、“公交论语”、“情绪管理”、BRT规划与建设、CNG及LNG技术推广与应用、节能减排、安全管理、信息化建设等方面的管理创新成果，通过制作、出售专题片，出版丛书等方式，促进优秀文化产品的产生，同时为企业增加一定的经济效益。

（九）组织开展丰富多彩的文化体育活动。要充分发挥各级工会、团委在反映职工诉求、团员青年管理中的作用，强化企业与职工之间的相互交流和感情沟通。坚持面向广大职工、面向基层，精心策划组织主题鲜明、寓教于乐、健康向上的文化活动，活跃和丰富广大干部职工的精神文化生活。各营运公司、直属单位要充分利用自身的文化设施和特色优势，积极组织各类健康有益的文化活动，开展歌咏比赛、演讲比赛、才艺展示、球类和棋类比赛等职工喜闻乐见、健康向上的文体活动，同时加强和巩固文化建设阵地，让干部职工在文化体育的愉悦体验中受到鼓舞激励。2012年9月，济南市公共交通总公司成立20周年之际，总公司要组织庆祝活动，相关部门要精心组织、认真策划，确保庆祝活动内容丰富多彩，进一步提高企业社会形象，促进企业和谐发展，凝心聚力促进公交事业又好又快发展。

（十）加强和改进新闻舆论工作。要坚持团结稳定鼓劲、正面宣传为主，充分发挥企业内外新闻媒体作用，不断提高舆论引导能力。

构建总公司大宣传格局。建设社会性宣传思想工作体系，形成党委领导、部门协助和社会力量全面参与的工作局面。充分发挥市民义务监督员等各种群众团体在宣传思想工作中的作用，壮大宣传工作队伍，形成人人参与、齐抓共管的宣传思想工作格局。

形成舆论积极引导格局。加强与新闻媒体的联系沟通，探索与新闻媒体合作共赢机制，组织开展好新闻评选活动，引导和鼓励新闻媒体多发好新闻、有分量的新闻。健全完善新闻宣传体制机制，加快推进新闻宣传工作科学化进程，充实宣传力量。妥善应对突发公共事件，充分发挥新闻发言人作用，及时消除负面影响，维护企业稳定大局。

加强企业新闻宣传工作。进一步丰富《济南公交报》版面内容，逐步整合基层单位报纸信息资源，增强各单位报纸的版面规范化与信息时效性，完善各类宣传媒介和平台的功能。围绕优先发展公共交通的政策，继续办好《济南日报》“泉城公交”专版，及时将公交员工服务老百姓、奉献“十二五”，创先争优当先锋的好经验、好做法宣传出去；在济南市委宣传部的指导下，计划拍摄反映公交职工生活、记录车厢故事、展现公交员工奉献精神的电视连续剧，在电视台等媒体播放，用优秀作品凝聚职工、弘扬正气；充分利用公交车辆车载移动电视资源，加强《济南公交之窗》栏目编辑水平，使之成为一个集访谈、新闻、专题于一体的综合性节目；做好公交都市、公交优先等政策法规的宣传工作。

健全文化建设责任机制。总公司及所属各单位要建立企业文化建设组织领导和管理体系，明确分管领导和主管部门，健全组织，明确职责。部门设置、人员、职责、分工、考核、培训、奖惩等科学合理，运行通畅。总公司每年召开一次企业文化建设推进实施大会，每半年召开一次企业文化建设委员会成员会议，对优秀单位、个人以及优秀作品进行表彰。要积极发挥基层部门联系群众的桥梁纽带作用，重视发挥机关带头作用，各部门既要积极参与到文化建设全局工作中，又要热情开展各具特色的部门文化、团队文化建设，真正使文化建设深入群众、扎根一线。

拓宽企业文化传播机制。把企业文化作为职工学习和岗前、岗位培训的必修课程。充分发挥新闻媒体、《济南公交报》、济南公交网等有效载体，重点加强主流媒体对企业文化的宣传力度。及时发现、培育和选树一批企业文化建设先进典型，发挥先进典型的示范、导向和辐射作用，不断完善培训保障机制、激励机制和成果转换机制。

加强企业网络舆情导向。认真研究探索引导网络舆论的有效办法，形成网络舆论引导新格局。进一步加强济南公交网络思想文化阵地建设，唱响网上思想文化建设主旋律，为市民提供及时、准确的出行信息，搭建企业与乘客、职工沟通交流的信息平台。加强网络评论员队伍建设，倡导文明办网、文明上网，营造健康向上的网络文化。同时，在现有网络资源的基础上，通过升级济南公交网，优化网站结构，更新网站版面，设立板块，为各分公司、直属单位提供有效的交流平台。

五、完善企业文化建设的保障措施

（一）完善工作机制，提供有力保障。推行“一岗双责”制度，各单位领导班子成员既要抓好业务工作，也要抓好分管部门的文化建设，形成主要领导亲自抓、分管领导重点抓、党政工团齐抓共管、相关部门各负其责、全企业积极参与的工作机制。完善文化建设资金投入保障机制，加大文化建设资金投入比例，列入年度财务预算，做到专款专用。

（二）做好结合文章，提升整体水平。要找准企业文化建设与当前工作的结合点，确保各项工作整体推进、同步发展。要把开展创先争优活动，作为当前企业文化建设的重要载体，作为加强干部职工教育的重要契机，细化措施，深入推进，努力营造创先争优的良好氛围。

（三）开展理论研究，强化实践应用。加强对文化建设的理论研究，认真探索公共交通文化建设的基本特征、架构体系和操作方法，构建具有自身特色的公交文化体系。加大文化建设教育培训力度，提高干部职工思想认识，营造浓厚氛围。组织开展干部职工乐于参与、便于参与的文化活动，及时总结来自职工的创新经验。切实把企业核心价值观内化于心、外化于形、固化于制、实化于行，成为推动企业发展的不竭动力。群团组织要积极发挥联系群众的桥梁纽带作用，充分调动广大干部职工参与文化建设的热情和活力，组织开展丰富多彩、喜闻乐见的文体活动，满足干部职工精神文化需求。

（四）加强组织领导，强化统筹协调。各级各部门要把文化建设摆在突出位置，深入研究加强文化建设的政策措施，及时解决文化建设中的重大问题。深入贯彻落实党的十七届六中全会精神，推动企业社会主义核心价值体系建设创新发展，把加强文化建设纳入企业发展总体规划，与业务工作统筹研究、一同部署。总公司成立企业文化建设工作领导小组，领导小组主要负责研究确定公司企业文化建设推进办法、年度实施方案和其他重大决策。领导小组办公室设在总公司企业文化部。

济南市公共交通总公司党委

二〇一二年一月一日

公交人

（领唱、合唱）

张希武 词
董培诚 曲

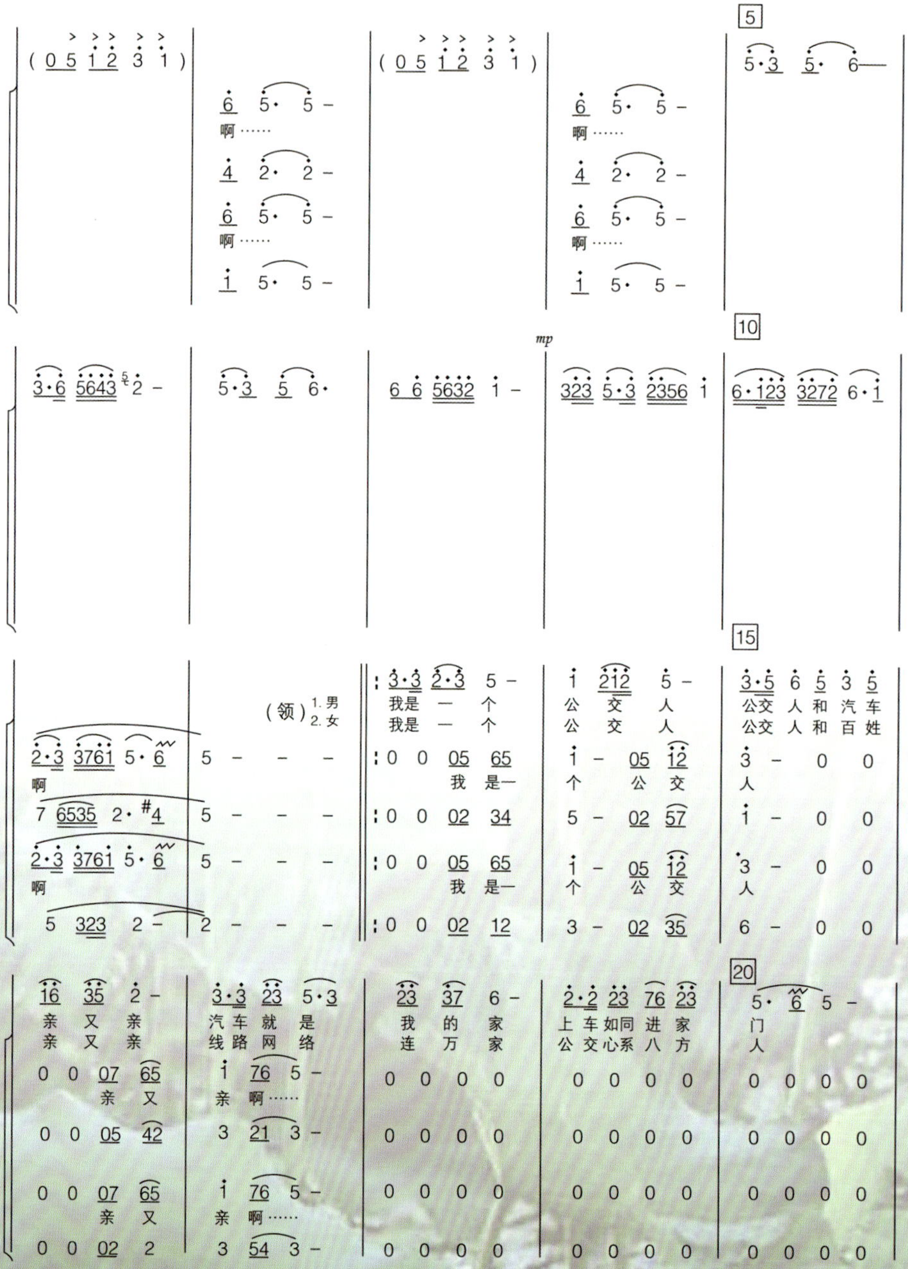

1=♭B

我是一个公交人 公交人和汽车亲又亲 汽车就是
我是一个公交人 公交人和百姓亲又亲 线路网络
我的家 上车如同进家门
连万家 公交心系八方人
转快速 ♩=148
8a 低八度
我的这个家
我开着大客车

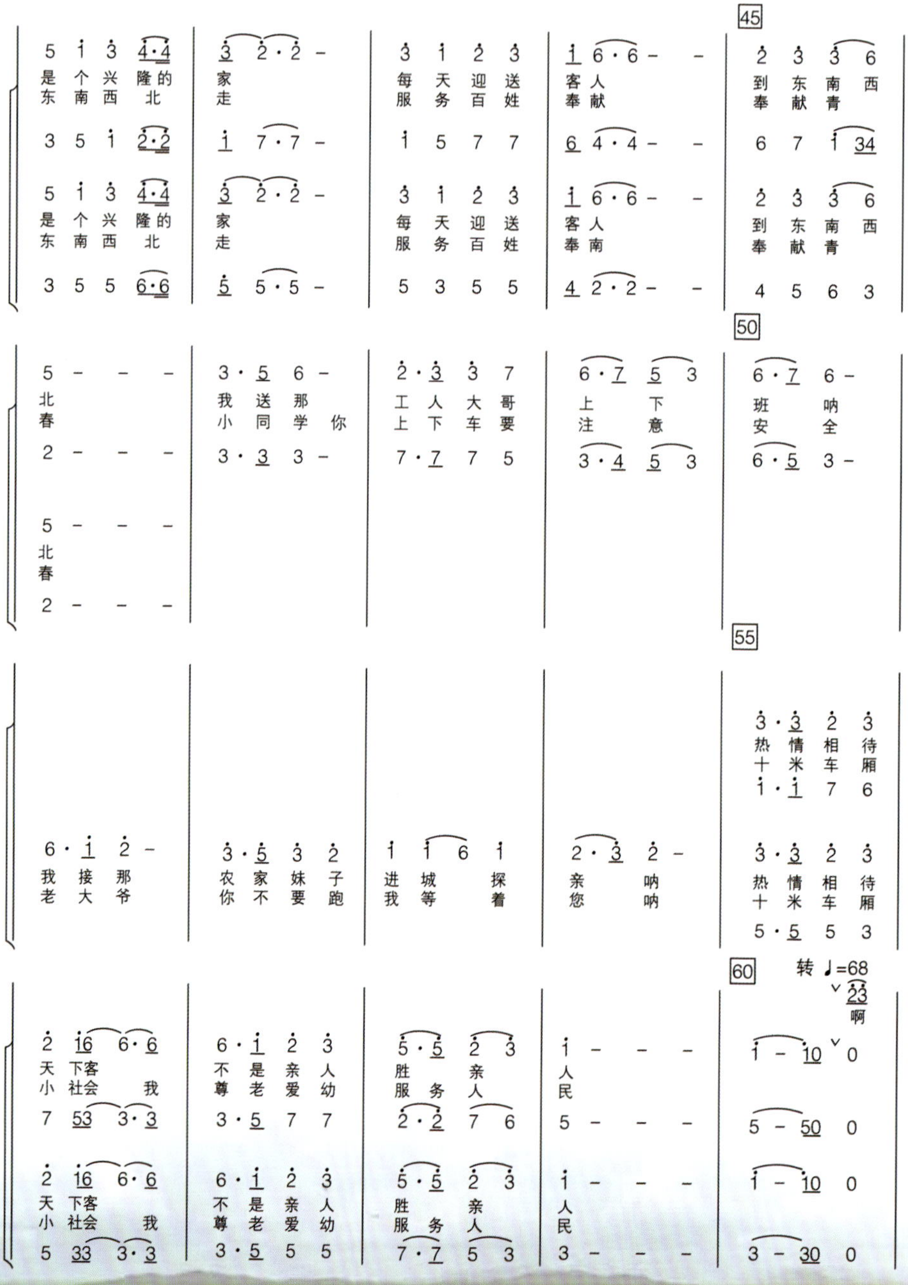

5 1 3 4·4	3 2·2 –	3 1 2 3	1 6·6 – –	2 3 3 6
是个兴隆的	家	每天迎送	客人	到东南西
东南西北	走	服务百姓	奉献	奉献青
3 5 1 2·2	1 7·7 –	1 5 7 7	6 4·4 – –	6 7 1 34
5 1 3 4·4	3 2·2 –	3 1 2 3	1 6·6 – –	2 3 3 6
是个兴隆的	家	每天迎送	客人	到东南西
东南西北	走	服务百姓	奉南	奉献青
3 5 5 6·6	5 5·5 –	5 3 5 5	4 2·2 – –	4 5 6 3

5 – – –	3·5 6 –	2·3 3 7	6·7 5 3	6·7 6 –
北	我送那	工人大哥	上下	班呐
春	小同学你	上下车要	注意	安全
2 – – –	3·3 3 –	7·7 7 5	3·4 5 3	6·5 3 –
5 – – –				
北				
春				
2 – – –				

				3·3 2 3
				热情相待
				十米车厢
				1·1 7 6
6·1 2 –	3·5 3 2	1 1 6 1	2·3 2 –	3·3 2 3
我接那	农家妹子	进城探	亲呐	热情相待
老大爷	你不要跑	我等着	您呐	十米车厢
				5·5 5 3

转 ♩=68

				23 啊
2 16 6·6	6·1 2 3	5·5 2 3	1 – – –	1 – 10 0
天下客	不是亲人	胜亲	人	
小社会我	尊老爱幼	服务人	民	
7 53 3·3	3·5 7 7	2·2 7 6	5 – – –	5 – 50 0
2 16 6·6	6·1 2 3	5·5 2 3	1 – – –	1 – 10 0
天下客	不是亲人	胜亲	人	
小社会我	尊老爱幼	服务人	民	
5 33 3·3	3·5 5 5	7·7 5 3	3 – – –	3 – 30 0

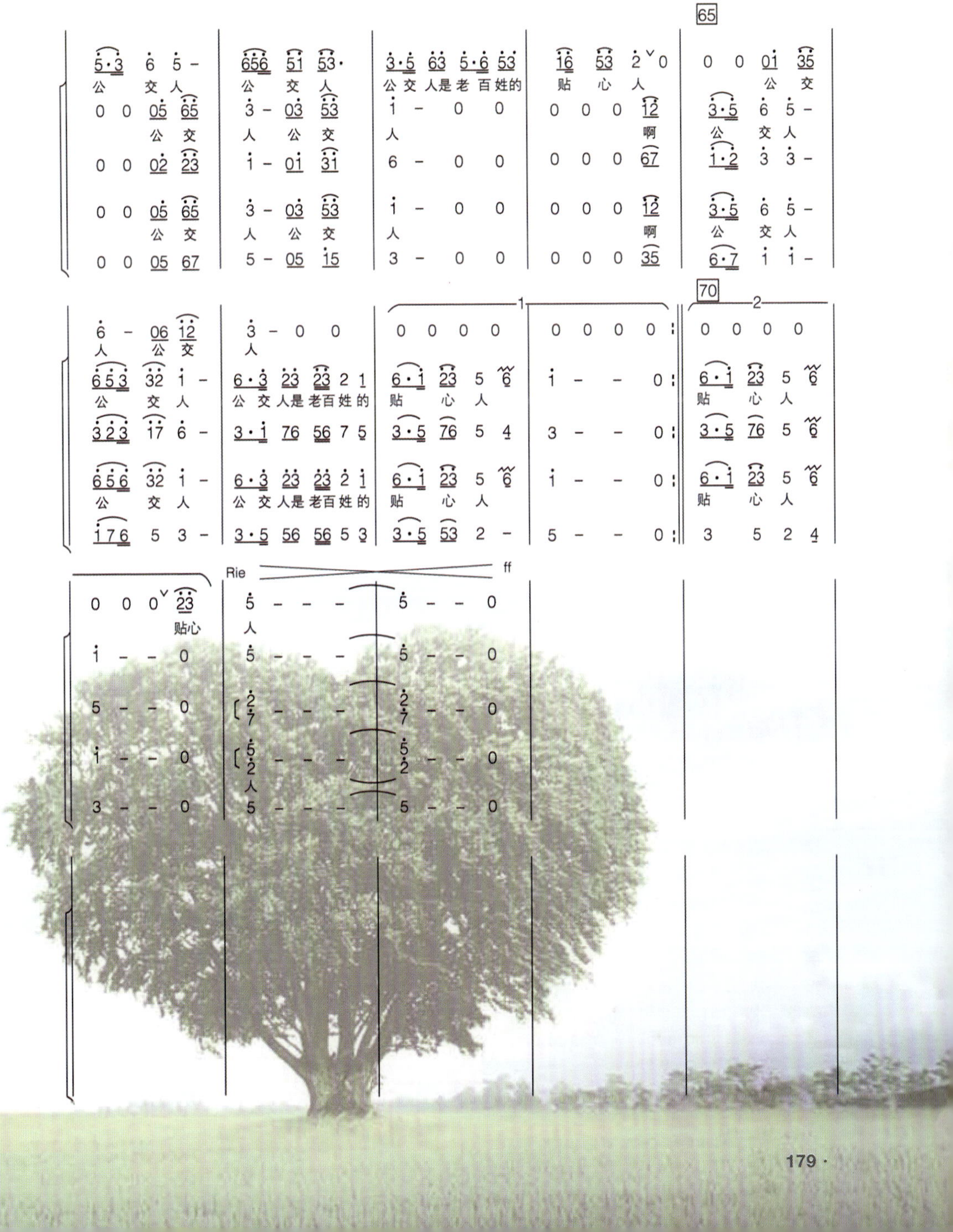

65

5·3 6 5 - | 656 51 53· | 3·5 63 5·6 53 | 16 53 2 ∨0 | 0 0 01 35
公 交 人 | 公 交 人 | 公交人是老百姓的 | 贴 心 人 | 公 交
0 0 05 65 | 3 - 03 53 | 1 - 0 0 | 0 0 0 12 | 3·5 6 5 -
公 交 | 人 公 交 | 人 | 啊 | 公 交 人
0 0 02 23 | 1 - 01 31 | 6 - 0 0 | 0 0 0 67 | 1·2 3 3 -
0 0 05 65 | 3 - 03 53 | 1 - 0 0 | 0 0 0 12 | 3·5 6 5 -
公 交 | 人 公 交 | 人 | 啊 | 公 交 人
0 0 05 67 | 5 - 05 15 | 3 - 0 0 | 0 0 0 35 | 6·7 1 1 -

1 2 70

6 - 06 12 | 3 - 0 0 | 0 0 0 0 | 0 0 0 0 :| 0 0 0 0
人 公 交 | 人
653 32 1 - | 6·3 23 23 2 1 | 6·1 23 5 6 | 1 - - 0 :| 6·1 23 5 6
公 交 人 | 公交人是老百姓的 | 贴 心 人 | | 贴 心 人
323 17 6 - | 3·1 76 56 7 5 | 3·5 76 5 4 | 3 - - 0 :| 3·5 76 5 6
656 32 1 - | 6·3 23 23 2 1 | 6·1 23 5 6 | 1 - - 0 :| 6·1 23 5 6
公 交 人 | 公交人是老百姓的 | 贴 心 人 | | 贴 心 人
176 5 3 - | 3·5 56 56 5 3 | 3·5 53 2 - | 5 - - 0 :| 3 5 2 4

Rie ff

0 0 0∨ 23 | 5 - - - | 5 - - 0
贴心 | 人
1 - - 0 | 5 - - - | 5 - - 0
5 - - 0 | 2/7 - - - | 2/7 - - 0
1 - - 0 | 5/2 - - - | 5/2 - - 0
人
3 - - 0 | 5 - - - | 5 - - 0

内 容 提 要

本书系统阐述了济南市公共交通总公司60多年来积淀的独具特色的企业文化，反映了济南公交企业文化建设的各个方面。全书共有十个部分，包括：企业文化概述、理念系统、企业发展、行为系统、道德修养、视觉识别系统、济南公交品牌文化体系、济南公交企业文化体系、济南公交企业文化建设标准以及济南公交企业文化载体。

本书可作为城市公共交通企业职工培训用书，亦可供其他城市公共交通企业文化建设人员参考。

图书在版编目（CIP）数据

济南公交企业文化手册 / 济南市公共交通总公司编
. -- 北京 : 人民交通出版社, 2012.8
ISBN 978-7-114-09939-7

Ⅰ. ①济… Ⅱ. ①济… Ⅲ. ①公共交通系统－企业文化－济南市－手册 Ⅳ. ①F542.852.1-62

中国版本图书馆CIP数据核字(2012)第161530号

书　　名： 济南公交企业文化手册
著 作 者： 济南市公共交通总公司
责任编辑： 王　霞
出版发行： 人民交通出版社
地　　址： （100011）北京市朝阳区安定门外外馆斜街3号
网　　址： http://www.ccpress.com.cn
销售电话： (010)59757969, 59757973
总 经 销： 人民交通出版社发行部
经　　销： 各地新华书店
印　　刷： 北京盛通印刷股份有限公司
开　　本： 720×960　1/16
印　　张： 12.25
字　　数： 190千
版　　次： 2012年8月　第1版
印　　次： 2012年8月　第1次印刷
书　　号： ISBN 978-7-114-09939-7
定　　价： 50.00元